低卡饱腹
健康餐

萨巴蒂娜　主编

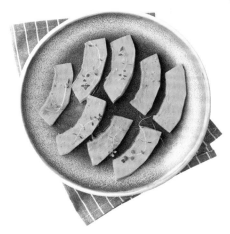

中国轻工业出版社

要吃饱，也要吃好

　　我喜欢用紫米做饭，然后再来个番茄炒蛋。紫米是糙米，哪怕是半碗也吃得很慢，味道是一流的，很是香甜，不用怕多吃一口，慢慢吃上半碗是绝对会饱的。

　　喜欢做一大锅小葱豆腐汤，汤是自己用骨头煲的，鲜美汤汁渗入滚烫的豆腐，格外鲜美，晚上来一大碗，十分满足。

　　还喜欢吃特别胖的鸡蛋三明治，薄薄的面包片，全麦质地，夹上很多很多的蔬菜，有酸黄瓜、西红柿片、青椒片、洋葱片、生菜，再夹上一个刚煎好的流黄煎蛋，淋上番茄酱，这样我可以吃下大量的蔬菜，肚子当然是饱饱的，再来一杯热茶就更舒坦啦。

　　喜欢吃烤得外焦里嫩的鸡胸肉，喜欢吃蒸了10分钟的一斤大小的草鱼，喜欢鸡蛋小土豆沙拉，喜欢喝大米绿豆稀饭、杂粮粥、小米粥，还有只放枣不放糖的八宝粥，什么样的豆子都来一点，家里有什么就放什么。

　　就是这样，我喜欢任性地用喜欢的食材认真烹饪，好好宠爱自己，但是不会给自己的身体带来额外的负担。

　　恰到好处的分量，改良的制作步骤，这是这个时代的烹饪最需要的东西。

　　爱自己，让自己的身心都满足与开心，从打开这本《低卡饱腹健康餐》开始。

萨巴蒂娜
个人公众订阅号

萨巴小传：本名高欣茹。萨巴蒂娜是当时出道写美食书时用的笔名。曾主编过五十多本畅销美食图书，出版过小说《厨子的故事》，美食散文集《美味关系》。现任"萨巴厨房"主编。

敬请关注萨巴新浪微博　www.weibo.com/sabadina

目录 CONTENTS

初步了解全书　　　　　　008
知识篇　　　　　　　　　009
　配料　　　　　　　　　009
　主料　　　　　　　　　010
　工具　　　　　　　　　016
　烹饪方式　　　　　　　017
　沙拉调味酱汁介绍　　　018

计量单位对照表
1茶匙固体材料=5克
1汤匙固体材料=15克
1茶匙液体材料=5毫升
1汤匙液体材料=15毫升

01 CHAPTER 早餐

坚果蔬菜沙拉
022

鸡蛋瘦身沙拉
024

鸡汁土豆泥
025

全素玉米卷饼
026

黑芝麻火腿鸡蛋饼
027

鸡蛋玉米饼
028

黑椒土豆饼
030

土豆泥小饼
032

玉米鸡胸肉卷
034

海苔山药卷
036

海苔虾仁燕麦饭团
038

培根鸡蛋三明治
040

金枪鱼轻享三明治
042

牛油果酱全麦
吐司三明治
044

橙香鸡蛋杯
046

茶叶蛋
048

秋葵蒸蛋
050

南瓜蓉牛奶汤
051

香芒紫薯思慕雪
052

黄瓜西芹猕猴桃
054

银耳红枣羹
056

02
CHAPTER
午餐

泰式蔬菜鸡肉沙拉
058

牛油果大虾沙拉
060

藜麦杏仁南瓜沙拉
062

芦笋拌腰果
064

芦笋炒鸡胸
066

番茄黑椒煎鸡胸
068

秋葵炒鸡蛋
070

葱蒸鲈鱼
072

柠檬龙利鱼柳
074

蒜香烤虾
076

芦笋鲜虾烩
078

白灼鲜虾
080

洋葱烤鱿鱼
082

黑椒洋葱牛肉粒
084

原味甜香烤茄子
085

橄榄油烤风琴土豆
086

高纤油焖春笋
088

锡纸包金针菇
090

茄汁蟹味菇
092

泡椒酸辣魔芋
094

白灼酱汁芦笋
096

海带魔芋筒骨煲
097

无糖南瓜蘑菇汤
098

酸汤牛肉锅
100

鸡汤养生福袋
102

茶汤焖五谷
104

03
CHAPTER
晚餐

蒜香醋汁土豆沙拉
106

三文鱼芒果沙拉
108

蜜柚鲜虾沙拉
109

腐竹拌香芹
110

芥末冰镇芦笋
112

白灼鱿鱼
113

蒜蓉粉丝蒸大虾
114

开洋凤尾
116

鲜虾豆腐煲
118

泡菜海鲜锅
120

番茄鱼片
122

鱼头炖豆腐
124

香煎厚片杏鲍菇
126

黑椒土豆烤香菇
127

清烤口蘑
128

百里香烤南瓜
129

西芹炒魔芋
130

黑胡椒煎魔芋
132

酸辣藕片
133

豆皮蔬菜卷
134

炝炒红菜薹
136

秋葵厚蛋烧
138

木樨炒鸡蛋
140

牛油果烤鸡蛋
142

日式茶碗蒸蛋
144

粒粒香鸡胸肉
146

银芽鸡丝
148

芦笋牛柳丁
150

芹菜牛百叶
152

豆香田园比萨
154

金橘乌梅饮
156

桂圆石榴香梨汁
158

白菜冬瓜鱼丸汤
160

海带豆腐汤
162

莲藕花生汤
164

鸡蛋豆腐干
166

凉拌日本豆腐
167

04
CHAPTER
加餐
轻食

无糖南瓜芝麻饼
168

全麦苹果酸奶松饼
170

无油蛋白核桃酥饼
172

低卡燕麦小圆饼
174

香蕉牛奶煎饼
176

黑椒烤土豆条
177

芹香碎烤小土豆
178

土豆泥泡萝卜沙拉
180

枣夹核桃抱抱果
182

蔓越莓坚果酸奶冰激凌
183

牛油果乐多多清肠奶昔
184

蔬果蜂蜜排毒果汁
185

火龙果高蛋白酸奶汁
186

猕猴桃苹果薄荷汁
187

百香青柠苹果茶
188

哈密西柚胡萝卜
189

初步了解全书

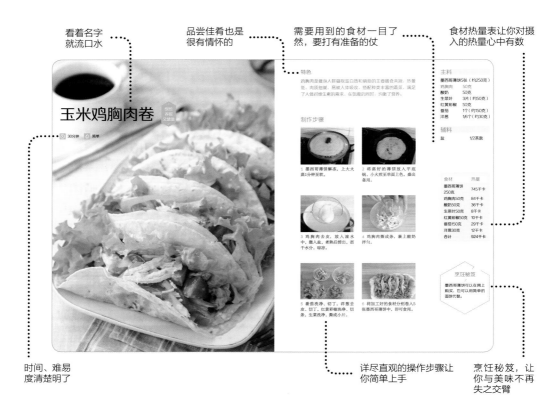

看着名字
就流口水

品尝佳肴也是
很有情怀的

需要用到的食材一目了
然，要打有准备的仗

食材热量表让你对摄
入的热量心中有数

玉米鸡胸肉卷

⏱30分钟 🍳简单

特色

鸡胸肉是健身人群摄取蛋白质和碳酸的主要摄食来源。热量低、肉质细嫩，易被人体吸收，搭配种类丰富的蔬菜，满足了人体对维生素的需求，在饱腹的同时，均衡了营养。

制作步骤

1 墨西哥薄饼解冻，上大火蒸1分钟至软。

2 将蒸好的薄饼放入平底锅，小火煎至单面上色，盛出备用。

3 鸡胸肉去皮，放入滚水中，撒入盐，煮熟后捞出，沥干水分，晾凉。

4 鸡胸肉撕成条，盖上酸奶拌匀。

5 番茄洗净、切丁，洋葱去皮、切丁，红黄彩椒洗净、切条，生菜洗净，撕成小片。

6 将加工好的食材分别卷入5张墨西哥薄饼中，即可食用。

主料

墨西哥薄饼5张（约250克）	
鸡胸肉	50克
酸奶	50克
生菜叶	3片（约50克）
红黄彩椒	50克
番茄	1个（约50克）
洋葱	1/6个（约30克）

辅料

盐	1/2茶匙

食材	热量
墨西哥薄饼250克	745千卡
鸡胸肉50克	84千卡
酸奶50克	36千卡
生菜叶50克	8千卡
红黄彩椒50克	10千卡
番茄50克	29千卡
洋葱30克	12千卡
合计	924千卡

烹饪秘笈

墨西哥薄饼可以在网上购买，也可以用简单的面饼代替。

时间、难易
度清楚明了

详尽直观的操作步骤让
你简单上手

烹饪秘笈，让
你与美味不再
失之交臂

- 想吃得满足，又不愿意摄取高热量，让自己保持在一个健康饮食带来的更平衡的状态中，这本书能帮到你。
- 本书按照一日三餐的顺序，将诸多低卡饱腹美食做了分类：

  早餐，丰盛满足的同时又营养全面、配比合理；

  午餐，将日常所见的低热量、高营养并且能产生饱腹感的食材，用简单的、创意满满的方式呈现出来；

  晚餐，讲究的是精致简约、轻食健康；

  加餐，当你嘴巴馋了的时候，让你满足口腹之欲又不用担心长胖。
- 全书的开始，从食材的选择、调味方式、烹饪方式、烹饪工具这四个方面，给你提供了许多日常生活中能够降低热量摄入的方法，供你举一反三。

主料

玉米粉	50克
高筋面粉	25克
鸡蛋	1个（约50克）
玉米粒	30克

特别说明：本书每道菜品的主料中标为深绿色的食材，为本道菜特别推荐的低卡饱腹食材。

配料

中式醋类

中国醋的种类很多，我们这本书中主要用到的是白醋、陈醋和香醋。白醋主要由大米酿造，色泽透亮、酸味纯正，是使用范围最广的一类。陈醋主要由高粱酿造，酸中略带一些甜味，经常用于凉拌或搭配面食食用。香醋和陈醋的食用方式相似，区别在于酿造的原料主要是糯米。我们在选购的时候，一般选用知名品牌就可以了。

寿司醋
参考热量值：159千卡/100克

寿司醋有着淡淡的酸甜味，是制作寿司或者米饭类点心时，不可缺少的酸度调味品，通常可以在超市买到。

意大利黑醋
参考热量值：88千卡/100克

不同于中国传统的醋类，意大利黑醋是由葡萄酿制的，色泽浓深，果香浓郁，酸度醇厚温和。用来作为沙拉、凉菜之类的调料，风味独特。在一些进口超市、电商平台都可以购买到。

薄荷

参考热量值：24千卡/100克

薄荷是我们熟悉的香料，沁人心脾的凉爽气味和颜值颇高的叶片纹路，适合摆盘造型，也带来独具一格的口感和功效，炎热的时候能够解暑提神、安神醒脑，一般在菜场都能买到。薄荷娇嫩不宜存放，最好是即买即用。

香草碎

香草是欧洲常用的一种烹饪香料，有非常独特的香气，加工好的香草碎购买方便，各大超市或者电商平台一般都有。

百里香

百里香的叶子短小像米粒一般，非常坚韧，香味长时间才能释放出来，适用于炖、煮、烤等烹饪方式中。将百里香用心摆放，还能起到装饰摆盘的作用。

橄榄油

参考热量值：899千卡/100克

橄榄油由新鲜的油橄榄果实直接冷榨而成，不经加热和化学处理，保留了天然的营养成分，具有营养全面、热量较低，以及容易被人体吸收等特点。购买时可以选择初榨级橄榄油，价格会略微高一些，但是品质最高，带有怡人的植物芳香。

 鱼露

参考热量值：47千卡/100克

鱼露和酱油相似，在烹饪中都起到增香调色的作用。因为采用鱼类作为酿制原料，因此格外鲜美，是高档菜品的理想调味料。以透明清澈的琥珀色为上品，如果是浑浊乳状则是不合格的。

 芥末

参考热量值：67千卡/100克

芥末具有催泪性刺激性辣味，一般与生抽一起食用，充当刺身、寿司等食物的调味料。

主料

 鸡蛋

参考热量值：144千卡/100克

鸡蛋的氨基酸比例非常适合人体吸收，用水煮、蒸制的烹饪方法来做，是热量很低、饱腹感很强的食材，适合健身和减肥的人群长期食用。

 牛奶

参考热量值：54千卡/100克

牛奶富含大量钙质和丰富的蛋白质，经过现在科技的加工，分类更细致，有全脂牛奶、脱脂牛奶、纯牛奶、高钙牛奶等不同种类，脱脂牛奶的口感稍淡，但更适合减肥健身人群食用。

 吐司面包

参考热量值：270千卡/100克

一般分为全麦吐司和普通的吐司，全麦吐司口感相对粗糙，麦香气更浓郁，含有更为丰富的维生素，相对普通吐司热量稍低，通常我们用于制作三明治，或者搭配果酱食用。普通的吐司热量大约为270千卡/100克。

 洋葱

参考热量值：39千卡/100克

洋葱口感辛香脆甜，根据不同的烹饪方式，可以得到不同的口感。在沙拉或者凉拌的菜式中，取洋葱较嫩的部分，口感是甜脆的，而用于炒菜、煎制当中，洋葱经过熟加工后，会散发辛香的香味，起到调味的作用。

香芹

参考热量值：14千卡/100克

香芹属于芹菜类，但是比普通的芹菜略细，香味更浓烈，含丰富的维生素和水分，常用于沙拉中，或凉拌作为配菜。

苦菊

参考热量值：35千卡/100克

苦菊含有丰富的铁元素，味道略微有些苦，作为沙拉的配菜，不但能提高菜品的颜值，也能增加维生素的含量。

紫甘蓝

参考热量值：19千卡/100克

紫甘蓝有着特别的颜色和香气，口感脆嫩，含有丰富的维生素，热量极低，基本都用于生吃或者凉拌，是沙拉中不可或缺的蔬菜之一。

彩椒

参考热量值：19千卡/100克

彩椒含有辣椒素，但是吃起来并不辣，还带有甜味，口感脆嫩多汁，含有丰富的维生素和微量元素，热量很低，是减肥健身人群很好的选择，也是小朋友吃辣的入门食材。而且彩椒颜色丰富多样，有红色、黄色和绿色，搭配在菜式中能令人赏心悦目。

黄瓜

参考热量值：15千卡/100克

黄瓜甘甜脆爽，水分丰富，非常祛暑气，是大家熟悉的饱腹低卡的蔬果之一，还能有效提高人体的新陈代谢，喜欢低卡饮食的朋友可以多吃。

木耳

参考热量值：21千卡/100克

木耳的口感鲜嫩柔软，含有丰富的维生素和碳水化合物。木耳特有的植物胶原成分有很强的吸附排毒作用，能减少肠道对食物脂肪的吸收，是很好的减肥食材。

银耳

干银耳参考热量值：200千卡/100克

银耳滑糯细腻，熬成汤羹后，经冷藏，有甜品般的口感。银耳所含的大量胶原蛋白有养颜美容的作用，适合日常滋补。银耳所含的维生素D能防止钙质的流失，还有大量的氨基酸和膳食纤维，所以吃起来饱腹感强，而且热量极低。

玉米

参考热量值：106千卡/100克

玉米是世界公认的"黄金作物"，膳食纤维含量高，可提高人体新陈代谢、促进肠道蠕动。玉米中的维生素含量也是普通农作物的数倍。玉米口感香甜多汁，易饱腹，热量低，不管是新鲜玉米还是玉米面，都是很好的减肥食材。

南瓜

参考热量值：22千卡/100克

南瓜作为粗粮的代表食材，口感粉糯香甜，热量极低，且非常具有饱腹感。适合蒸、煮、烤等少油的烹饪方式，健康、美味。

土豆

参考热量值：76千卡/100克

土豆脂肪含量极低，只有千分之一的脂肪量，多吃土豆可以减少脂肪的摄入，起到减肥的作用，是很好的主食替代品。土豆的口感绵软，无论什么样的烹饪方式都很好吃。土豆宜保存在干燥通风的地方，如果长芽了便会产生轻微毒素，不可以食用了。

山药

参考热量值：56千卡/100克

山药含有大量的膳食纤维，少食便能饱腹。山药中的黏液对肠胃有很好的调理作用。尤其是"铁棍山药"的营养价值更高。山药的口感绵软粉糯，我们多采用蒸煮的方式进行烹饪。

魔芋

参考热量值：7千卡/100克

魔芋是低热量食物，其所含的葡萄甘露聚糖会吸水膨胀，可增大至原体积的30～100倍，因而食后有饱腹感，能降低胆固醇和阻止脂肪的吸收，是理想的减肥食品。但魔芋本身无味，在烹饪的时候需要吸收其他配菜或者调料的味道。

番茄

参考热量值：19千卡/100克

番茄水分饱满，生吃口感水嫩爽口，做熟成菜则是酸甜口味的诱人膳食，其色泽鲜艳美观，是很受大家欢迎的蔬果之一。番茄中的维生素，尤其是维生素C含量丰富，对人体有很好的促排毒、抗衰老的作用。番茄的热量非常低，是很好的减肥食材。

秋葵

参考热量值：37千卡/100克

秋葵的营养价值非常高，口感也很独特，是极少的含有黏液的植物之一。秋葵的黏液中所含的黏蛋白有抑制糖分吸收的作用，所以也是很好的减肥、降糖食材。

芦笋

参考热量值：19千卡/100克

芦笋口感鲜美柔嫩，长相出众，带着春天生机勃勃的气息，在造型和摆盘上占尽天然优势。最关键的是，芦笋低糖低热量，同时又具备高营养和高纤维的特点，其氨基酸成分高出普通蔬菜，含有大量人体所需的微量元素。可以采用水煮、烹炒、凉拌等健康的方式烹饪芦笋，有助于健身减脂。

茄子

参考热量值：21千卡/100克

茄子含有丰富的维生素，本身热量极低，通过蒸、烤之类少油的烹饪方式，可以在好吃饱腹的同时，减少热量的摄入。

竹笋

参考热量值：20千卡/100克

竹笋含有大量的维生素和膳食纤维，能有效地帮助身体新陈代谢，提高肠胃的运动功能。竹笋的味道鲜美脆嫩，煲汤、清炒都非常美味，无论冬笋还是春笋，都是一种时令节气感很强的蔬菜。

海带

参考热量值：12千卡/100克

海带含有丰富的碳水化合物和较少的脂肪，口感丰美醇厚，炖汤或者凉拌都非常好吃。和含钙丰富的筒骨搭配炖汤，味道非常鲜美。

泡菜

参考热量值：23千卡/100克

泡菜酸辣开胃，是传统的腌制小菜，多为蔬菜制成，因此热量非常低。通常用于配菜中使用，能起到很丰富的调味效果。

莲藕

参考热量值：70千卡/100克

莲藕香甜，根据不同的烹饪方式，口感有所不同，煲汤时口感粉糯香甜，清炒凉拌时口感脆嫩爽口。由于是水生植物，因此有清凉下火的属性，本身所含热量极低，易饱腹。

牛油果

参考热量值：160千卡/100克

牛油果富含多种维生素、不饱和脂肪酸、蛋白质，口感柔滑细腻，香味独特，有增强体质的作用，还可以促进代谢，对于降脂减肥有好处。牛油果经常用于果酱的制作或者沙拉的配菜，其高颜值对于西餐的摆盘和造型来说也有着天然的优势。

苹果

参考热量值：52千卡/100克

苹果含丰富的矿物质和维生素，可促进人体消化代谢，其极低的热量和香脆的口感，在提供饱腹感的同时，还能起到减肥美容的作用。一般来说，外皮光鲜粉嫩，细看纹路成间隔竖条纹的苹果更甜更好吃。

香蕉

参考热量值：91千卡/100克

香蕉所含丰富的锌和钙质有助于促进脂肪燃烧，还可以排出体内多余的水分，有效改善水肿现象。其大量的膳食纤维能帮助消化，提高代谢。所以香蕉是很好的减肥水果，加上口感香甜，不管是作为水果还是制作成点心，都营养又好吃。

芒果

参考热量值：32千卡/100克

芒果是热带水果，肉质丰美细滑，香味浓郁，是非常好吃的水果。用于沙拉、果汁当中，可让菜品的口感丰富。

火龙果

参考热量值：51千卡/100克

火龙果富含植物蛋白及水溶性膳食纤维，能促进肠胃运动，提高人体代谢。火龙果的果肉中几乎不含果糖，而果肉最外层的红色果肉则富含花青素，这是抗氧化的珍贵元素。将火龙果做成果汁或者沙拉都是非常饱腹又低热量的吃法。

猕猴桃

参考热量值：56千卡/100克

猕猴桃味道酸甜鲜美，营养丰富，所含大量的维生素C具有美白养颜的效果。因为猕猴桃的果肉是天然绿色，经常被用于果汁、甜品中，以增添色泽。

燕麦片

参考热量值：367千卡/100克

燕麦含有大量膳食纤维、碳水化合物和蛋白质。燕麦片很干燥，一大勺的分量也是很轻的，但是能带来很强的饱腹感，能提高人体的代谢率、降低胆固醇。可以直接用开水冲泡燕麦片，或者加入牛奶、坚果、果干，略微煮熟，甚至作为配料做成点心，都是非常健康的吃法。

酸奶

参考热量值：72千卡/100克

经牛奶发酵而成的酸奶，既包含了牛奶的营养物质，又多了乳酸菌，能促进肠胃运动、加速人体代谢。而且由于酸酸甜甜的口感，酸奶更成了沙拉酱最好的低脂低热量的替代品。

鸡胸肉

参考热量值：133千卡/100克

不同部位的鸡肉，口感、适合的烹饪方式、热量都不一样。总的来说鸡肉是肉类中蛋白质含量较高，热量偏低的肉类，在健身减肥的人群中，大量食用的多为鸡胸肉。另有鸡腿、鸡翅、鸡爪等也用于不同菜式的烹饪中。鸡腿参考热量值：181千卡/100克；鸡翅参考热量值：194千卡/100克；鸡爪参考热量值：254千卡/100克。

牛里脊肉

参考热量值：107千卡/100克

牛肉热量低、富含蛋白质，是健身减肥人群吃肉的首选。但是不同部位的牛肉，所含热量略有差别。牛腱子肉是热量最低的部位，所含热量值约为98千卡/100克。平时我们吃的"菲力牛排"则是牛里脊肉部分。而牛腩部位的热量约为330千卡/100克。同样都是牛肉，热量相差好几倍，所以如何科学健康地吃，很重要。

猪瘦肉

参考热量值：143千卡/100克

猪肉是国人饮食中最常见的肉类。细分有里脊肉、肋排、筒骨、五花肉等，不同部位有不同的烹饪方式。其中五花肉因为富含油脂，因此热量最高，约为560千卡/100克。

鱼类

鱼类分为深海鱼和浅水鱼，深海鱼因为鱼腥味少，所以一般用清蒸的方法，保留鱼类的鲜美香甜和更全面的营养。而浅水鱼一般用于熬汤，比如鱼头汤、水煮鱼片等。

深海鱼包括三文鱼、金枪鱼、鲈鱼、带鱼、黄花鱼等，共同的特点是肉质洁白细腻、少刺，因为长期处在深海的环境中，污染源相对较少，肉质更甜美，营养也更丰富一些。因为运输保存等问题，大部分深海鱼都是冷藏的，选购时要看鱼鳃是否鲜红、干净，如果鱼鳃的颜色浑浊暗沉则不够新鲜。

虾类

虾的肉质鲜美弹牙，因为低脂低热量，又含有蛋白质及钙等丰富的营养，广受大家的喜爱。无论是最简单的水煮白灼，还是烘烤蒸煎，都是美味又健康的一道菜式。

新鲜的虾一定是活蹦乱跳的，但是因为运输和保存等问题，有时也要购买冰鲜水产，而冰鲜的虾，要选择青白色、皮壳发亮、肉质紧致有弹性、无异味的；如果虾壳发暗，颜色浑浊发红或者灰紫色，甚至会产生异味，则是不新鲜的。

豆腐类

豆腐是以豆类为原材料加工而成的，营养价值极高，尤其是蛋白质含量丰富，能与肉制品媲美，而脂肪含量又很低，因此是非常好的饱腹减肥食材。从口感来说，豆腐分为软和硬两种，也就是常说的南豆腐和北豆腐。南豆腐水分含量大，极为柔软细嫩，一般作为汤羹、水煮的菜品原料，现在还出现了内酯豆腐这类更为水嫩，适合凉拌生吃的种类。北豆腐口感相对更有韧性，适合煎、烤等重口味的烹饪方式。

菌菇类

蘑菇种类丰富，有凤尾菇、平菇、金针菇、口蘑、蟹味菇、杏鲍菇等。口感和香味都有所不同，但总的营养成分大体相同，都含有丰富的蛋白质和微量元素，脂肪含量极低，口感鲜香甜美，是很好的饱腹低热量食材。

五谷粗粮类

谷类能提供人体所需的热量和营养，我们常吃的各类主食，比如大米、糯米、小麦等都属于谷类，而玉米、土豆、燕麦、红薯等都属于粗粮的范围，粗粮含有更丰富的膳食纤维和微量元素，能提高人体代谢、促进肠胃运动。我们将五谷和粗粮搭配食用，能获得更好的饱腹减肥效果，获得更均衡的营养。

工具

平底锅

平底锅独特的设计让烹饪过程更快速，底部的受热面积更宽广、更均匀，能完全保留食物的色、香、味，同时减少营养的流失。在煎饼的时候，平底锅需油量少，易翻面，好操作，使得煎炸这种烹饪方式变得低脂少油，更加健康。在本书中，我们所有的卷饼类都需要用到平底锅。

烤箱

除了烘焙之外，烤箱在日常烹饪中也担任重要角色，比如用于烤肉类、主食类、菌菇类等，都能大展所长。从健康低脂的角度出发，烤箱可以替代高油的不健康的油炸烹饪方式，而只需要少许油，就可以达到类似的口感和风味，比如本书中烤土豆、烤鱿鱼等海鲜，还有菌类的烤制，都需要用到烤箱。烤箱分为家用烤箱、蒸汽烤箱和风烤箱等品种，而本书中所用到的仅仅是普通的家用烤箱，价位一般在几百元左右。

蒸锅

蒸是最健康、最能锁住食材天然营养的烹饪方式，可以烹制鱼虾类、禽蛋类、肉类、面食类等，用途广泛。传统的蒸笼已经逐渐被不锈钢蒸锅、电蒸锅所替代，新的设计功能更强大，让烹饪变得更加简单、方便。蒸锅还可以用来快速加热饭菜和其他食物，电蒸锅还可用于炖汤、煲粥，是一个具有多用途的做饭工具。在本书中，海鲜和粗粮的蒸制都需要用到蒸锅。

料理机

料理机是榨汁机多元化高效化后的产物，用途更广，更加便携小巧。可以将食材粉碎、搅拌、榨汁等，非常方便。我们的餐后小食、粗粮细作、肉馅的搅拌等都需要用到料理机。市场上各大品牌可选择的非常多，品质都比较稳定，价位从几百到几千不等，可以根据自己所需要的功能进行购买。

炖锅

炖锅的优点和使用方式和蒸锅类似，主要以汤羹类菜式为主。炖锅有预约功能，比如本书中的银耳红枣羹等，就可以利用夜晚的时间，将炖锅定时自动炖煮，在完成烹饪过程后，炖锅会自动保温至食用，节省了第二天早晨制作早餐的时间，令你可以轻松享用热气腾腾的营养餐点。我们还可以利用炖锅熬粥、炖汤等，方便高效，节约时间，而且烹饪过程低脂少油，锁住食材的营养成分不流失，是非常健康营养的烹饪方式。

烹饪方式

煎

传统煎制的烹饪方式是将油倒入锅底烧热后，将准备好的食材平铺在锅底，控制火力大小，将食材烹熟。但是这种烹饪方式的含油量较高，热量也太高，不利于健康。在必须使用这种烹饪方式时，可以利用平底锅受热均匀不粘锅的优势，尽可能减少用油量，比如用刷子在锅底刷上薄薄一层橄榄油，用来煎豆腐等。而在做煎饼时，可以不放油，直接将面糊倒入锅底，小火慢煎到金黄色，再翻面继续烹饪。低油低脂，但是也能达到松脆的口感。

蒸

蒸是一种非常健康的烹饪方式，可以避免因为高油高温带来的额外热量和营养的流失。并且烹饪过程简单，一般在前期做好准备后，只需要在蒸锅上一放，就可以等着吃了。比如本书中的蒸粗粮、蒸海鲜，都简单易做又好吃营养。

冷藏

有些菜式，可以利用冷藏的方式入味发酵，比如本书中的茶叶蛋。而有些菜式则是冷藏后风味更佳，比如银耳红枣羹，冷藏后甜味更加突出。而果汁类冷藏后也会更加鲜甜一些。

凉拌

凉拌是很便利的一种烹饪方式，可以根据个人的喜好，自由变换调料和口味。相对煎炒炸等烹饪方式，凉拌更加健康低脂。比如本书中鸡蛋豆干、芦笋拌腰果等，都属于凉拌类的菜式，从更宽广一些说，沙拉也属于凉拌的一种，只是调料和香料等更加具有异域风情。

沙拉调味酱汁介绍

沙拉的酱汁从口感和热量上大致分为油醋汁、浓稠类酱汁。浓稠类酱汁口感浓郁，热量较高，比如我们熟知的蛋黄酱、千岛酱等，都属于浓稠类酱汁的范畴。而在本书中，我们本着健康的理念，为大家推荐几款口感丰富、低热量的酱汁，并介绍它们的制作步骤以及菜式的搭配。

意大利油醋汁

特色

意大利油醋汁最早并不是用于拌沙拉，而是作为蘸汁，用来搭配餐前面包，比如佛卡恰之类的乡村面包，之后用于配菜。意大利油醋汁于酸甜中带有一些芥末和黑胡椒的辛辣刺激，口感很丰富。

材料

橄榄油、意大利黑醋、蜂蜜的比例为3：1：1 芥末、黑胡椒、盐各适量

制作步骤

取一个可以密封的容器，比如罐子、杯子，将所有材料加入后，用力摇晃，至均匀乳化即可。

法式油醋汁

特色

法式油醋汁喜欢添加较多有地方特色的香草料，比如百里香、罗勒、迷迭香、薄荷等，有浓烈的异域特色。这些香料都能在大卖场买到，或者从网上购买。

材料

橄榄油、柠檬汁、蜂蜜的比例为3：2：1 香草碎、黑胡椒、盐各适量

制作步骤

取一个可以密封的容器，比如罐子、杯子，将所有材料加入后，用力摇晃，至均匀乳化即可。

汉风豆乳酱

特色

用质地嫩滑的豆腐制造柔和、顺滑的酱汁底料，能使口感和低热量得到完美的结合。

材料

嫩豆腐、芝麻酱、香醋各1汤匙 ┃ 大蒜2瓣 ┃ 盐适量

制作步骤

1　大蒜捣碎成蒜泥。嫩豆腐沥干水分。
2　加入其他材料，搅拌均匀成柔滑的糊状即可。

中式油醋汁

特色

酸香开胃，适用于绝大部分的沙拉、凉拌菜系，如果喜好辣味，还可以添加辣椒油或者是辣椒蓉。

材料

香油、山西老陈醋、细砂糖的比例为3：1：1 ┃ 蒜泥、姜汁、熟芝麻各适量

制作步骤

1　取一个可以密封的容器，比如罐子、杯子，将所有材料加入。
2　用力摇晃，至均匀乳化即可。

适用于中式凉拌菜，对于脆爽多汁的蔬菜尤其适合。

日式油醋汁

特色

加入了日本特色的调味料，比如橙醋、日式酱油等，非常清淡爽口。

材料

橄榄油、香油、日式橙醋、日式酱油、蜂蜜的比例为2∶1∶1∶1∶1▌蒜泥、洋葱泥、熟芝麻各适量

制作步骤

取一个可以密封的容器，比如罐子、杯子，将所有材料加入后，用力摇晃，至均匀乳化即可。

适合拌食清爽的蔬菜，也可以加入少许煮熟的海鲜（如虾、扇贝等）一起搭配。

泰式油醋汁

特色

泰式油醋汁使用了鱼露和青柠小米椒这类泰国风味浓郁的调味料，搭配热带水果和海鲜，非常开胃，口感丰富。

材料

橄榄油、鱼露、青柠汁、蜂蜜的比例为1∶1∶1∶1▌小米椒、黑胡椒各适量

制作步骤

1 小米椒切成碎末；挤出青柠汁。
2 取一个可以密封的容器，比如罐子、杯子，将所有材料加入后，用力摇晃，至均匀乳化即可。

适合搭配蔬菜、水果、味道清淡的肉类（如水产、禽肉）及其组合搭配。

01

CHAPTER

早餐

坚果蔬菜沙拉

高颜值
能量站

🕐 20分钟　　🔥 简单

特色

坚果是一个很大的家族，其成员在口感、香味、营养等方面各有所长，但共同的优点是：好吃、营养、健康。早餐时摄取足够的坚果，能给身体提供满满一天的能量。

主料

红黄彩椒	50克
紫甘蓝	100克
苦菊	30克
核桃仁	20克
黑白芝麻	10克

辅料

意大利油醋汁	适量

制作步骤

1 食材洗净，红黄彩椒、紫甘蓝切丝，苦菊撕成小片。

2 核桃仁、黑白芝麻放入烤箱，上下火150℃烘烤10分钟。

食材	热量
红黄彩椒50克	10千卡
紫甘蓝100克	20千卡
苦菊30克	11千卡
核桃仁20克	129千卡
黑白芝麻10克	56千卡
合计	226千卡

3 将核桃仁取出晾凉，掰碎成适当的小块。

4 将核桃仁、黑白芝麻、彩椒丝、紫甘蓝丝、苦菊混合。

5 浇上意大利油醋酱汁混合均匀即可。

意大利油醋汁 018页

烹饪秘笈

1. 坚果种类丰富，可以根据自己的喜好添加，比如腰果，杏仁，夏威夷果等。
2. 红黄彩椒等蔬菜，可用自己喜欢的蔬菜替换，比如黄瓜丝，圣女果等。

鸡蛋瘦身沙拉

赏心悦目减肥餐

⏱ 25分钟　🔥 简单

特色

鸡蛋富含蛋白质，通过水煮的方式，热量很低。而圣女果、黄瓜也是好吃又低脂的蔬果，苦菊则让沙拉的口感更为丰富。拌上酸酸甜甜的法式油醋汁，饱腹又美味。

主料

鸡蛋2个（约100克）┃圣女果5个（约50克）┃黄瓜半根（约100克）┃苦菊2根（约25克）

辅料

法式油醋汁适量

食材	热量
鸡蛋100克	144千卡
圣女果50克	11千卡
黄瓜100克	15千卡
苦菊25克	9千卡
合计	179千卡

制作步骤

1 鸡蛋带壳煮熟，过凉水后剥壳，切成块。

2 圣女果洗净，对半切开；黄瓜洗净，削皮，切成小丁；苦菊洗净后撕成小片。

3 混合所有食材，浇上法式油醋汁即可。

烹饪秘笈

这一款沙拉热量很低，却含有丰富的蛋白质和维生素，是很好的健身减肥菜品。

法式油醋汁　**018页**

特色

鸡汤的香浓，土豆泥的柔滑，组成了这道经典又易做的可口菜式。

主料

土豆1个（约200克）

辅料

鸡汁50克 ｜ 黑胡椒粉1/2茶匙

食材	热量
土豆200克	152千卡
合计	152千卡

烹饪秘笈

鸡汁可以在超市购买瓶装成品，一般含有盐分，因此土豆泥中不需要再放盐，如果是无盐鸡汁，则要在土豆泥中加入适当盐分。

鸡汁土豆泥

香浓又顺滑

🕐 30分钟　🔥 简单

制作步骤

1 土豆洗净，削皮，切成小块。

2 土豆上锅蒸熟后，用勺子压成泥状。

3 趁热加入鸡汁、黑胡椒粉，拌匀。

4 将土豆泥裹入保鲜膜，捏成圆形。

5 将捏好的土豆球从保鲜膜中取出，放入盘中，浇上一层鸡汁，撒上少许黑胡椒粉调味，即成。

全素玉米卷饼

让肠胃轻松起来

🕐 20分钟　🔥 简单

特色

合理的素食能有效降低体内胆固醇，提高代谢，并且让肠胃得到适当的休息。玉米作为营养丰富的粗粮品种，是吃素者的好选择。

主料

玉米面70克 ▎ 高筋面粉20克

辅料

盐1/2茶匙 ▎ 橄榄油1茶匙 ▎ 黑胡椒粉少许 ▎ 葱花适量

食材	热量
玉米面70克	239千卡
高筋面粉20克	69千卡
合计	308千卡

制作步骤

1 玉米面、高筋面粉加入清水搅拌成糊状。

2 加入盐，葱花，搅拌均匀。

烹饪秘笈

玉米糊可以根据自己的喜好，增减清水量。喜欢吃软和的可以多加一些清水，但一定要形成糊状。

3 平底锅刷上一层橄榄油。

4 摊上一勺玉米糊，小火煎至两面金黄。

5 卷成筒状装入盘中，吃得时候撒上少许黑胡椒粉调味即可。

特色

除了鸡蛋中含有的蛋白质，黑芝麻也能满足补充蛋白质的需求，并且带来香脆的口感。我们还可以卷上蔬菜瓜果食用，在健康饱腹的同时，还摄入了全面且没有被破坏的维生素。

主料

高筋面粉50克 | 鸡蛋1个（约50克） | 火腿肠半根（约35克）

辅料

黑芝麻10克 | 橄榄油1茶匙 | 盐1/2茶匙 | 葱末少许

食材	热量
高筋面粉50克	174千卡
鸡蛋50克	72千卡
火腿肠35克	74千卡
合计	320千卡

黑芝麻火腿鸡蛋饼

带着坚果香气

🕐 30分钟　🔥 简单

制作步骤

1 鸡蛋打成蛋液，和适量清水混合，搅拌均匀；火腿切成薄片。

2 将蛋液和进面粉中，搅拌成糊状。

3 面糊中加入火腿片、盐、黑芝麻、葱末，最后加入橄榄油搅拌均匀。

4 平底锅加热，倒入面糊均匀摊开，煎至两面变色有香味即可。

鸡蛋玉米饼

🕐 20分钟　　🔥 简单

制作步骤

1 酵母用少许30℃左右的温水化开。

2 鸡蛋磕入碗中，加入盐，打散成蛋液。

3 将面粉、玉米粉、玉米粒混合，加入酵母水、鸡蛋液，搅拌均匀。

4 加适当清水调和浓稠度，以面糊可以缓慢流动为准。

5 加入橄榄油，搅拌均匀。

6 平底锅烧热，将面糊均匀摊开，小火煎至金黄有香味。

7 将饼翻面煎至两面焦香即可。

特色

玉米粉作为粗粮，和面粉调和食用，能保证营养摄入的均衡，而玉米粒所特有的香气，也让口感更丰富，味道更清香。

主料

玉米粉	50克
高筋面粉	25克
鸡蛋	1个（约50克）
玉米粒	30克

辅料

橄榄油	1茶匙
酵母	2克
盐	2克

食材	热量
玉米粉50克	171千卡
高筋面粉25克	87千卡
鸡蛋50克	72千卡
玉米粒30克	32千卡
合计	362千卡

CHAPTER 01 早餐

烹饪秘笈

面糊中加入橄榄油后，在煎饼的时候不需要再放油。

黑椒土豆饼

香脆可口又低卡

⏱ 30分钟　🔥 简单

特色

土豆富含膳食纤维和维生素，能提供全面的营养和帮助体内排毒。通过合理的烹饪方式，不但能满足身体所需的能量，而且热量很低。添加一些黑胡椒粉摊成面饼，吃起来香脆可口，风味十足。

制作步骤

1 土豆洗净，削皮，切成小块，上锅蒸熟至软烂。

2 土豆放凉后用勺子或者料理机打成泥，加入葱花搅拌均匀。

3 容器内打入鸡蛋，加入脱脂牛奶、盐、黑胡椒粉、橄榄油快速打散至均匀。

4 把蛋液慢慢添加到土豆泥中，边加边搅拌，使其均匀地形成糊糊的状态。

5 加入糯米粉，慢慢添加，根据浓稠度来调整，搅拌均匀，最后形成黏稠、可以流动状态的面糊。

6 平底锅烧热，倒入一勺面糊，小火煎至两面金黄焦香即可。

主料

土豆	1个（约200克）
鸡蛋	1个（约50克）
脱脂牛奶	60毫升
糯米粉	30克

辅料

盐	1/2茶匙
黑胡椒粉	3克
橄榄油	1茶匙
葱花	少许

食材	热量
土豆200克	152千卡
鸡蛋50克	72千卡
脱脂牛奶60毫升	23千卡
糯米粉30克	104千卡
合计	351千卡

烹饪秘笈

1. 可以添加自己喜好的调料，比如五香粉、辣椒粉之类的。
2. 面糊中加入了少许橄榄油，可以防止粘锅，在煎饼的时候不需要再放油。

土豆泥小饼

饱腹佳肴

🕐 40分钟　🔥 简单

特色

火腿肠作为配料，能极大地丰富菜式的口感和视觉色彩。利用烤箱可以减少烹饪中油类的使用量，得到焦香酥脆的口感。黑芝麻作为点缀，不但提高了土豆泥小饼的颜值，而且补充了更为丰富的营养。

制作步骤

1 土豆削皮切块，火腿肠切成碎末。

2 土豆上火锅蒸熟，捣成泥，加入火腿肠末、盐、葱花、黑胡椒粉搅拌均匀。

3 烤箱180℃预热10分钟，烤盘底部刷上一层橄榄油。

4 土豆泥捏成小球，压成饼状，均匀放入烤盘中。

5 土豆饼上均匀撒上黑芝麻。

6 烤盘放入烤箱中层，上下火180℃烤20分钟即可。

主料

土豆	1个（约200克）
火腿肠	25克
黑芝麻	10克

辅料

橄榄油	1汤匙
盐	1/2茶匙
黑胡椒粉	少许
葱花	少许

食材	热量
土豆200克	152千卡
火腿肠25克	53千卡
黑芝麻10克	56千卡
合计	261千卡

CHAPTER 01 早餐

烹饪秘笈

如果希望得到更为焦脆的口感，可以适量增加橄榄油的量，延长烤制时间至25分钟。

玉米鸡胸肉卷

缤纷
养眼
又健康

🕐 30分钟　🔥 简单

特色

鸡胸肉是健身人群摄取蛋白质和磷脂的主要膳食来源，热量低、肉质细腻、易被人体吸收，搭配种类丰富的蔬菜，满足了人体对维生素的需求，在饱腹的同时，均衡了营养。

主料

墨西哥薄饼	5张（约250克）
鸡胸肉	50克
酸奶	50克
生菜叶	3片（约50克）
红黄彩椒	50克
番茄	1个（约150克）
洋葱	1/6个（约30克）

辅料

盐	1/2茶匙

制作步骤

1 墨西哥薄饼解冻，上大火蒸1分钟至软。

2 将蒸好的薄饼放入平底锅，小火煎至单面上色，盛出备用。

3 鸡胸肉去皮，放入滚水中，撒入盐，煮熟后捞出，沥干水分，晾凉。

4 鸡胸肉撕成条，裹上酸奶拌匀。

食材	热量
墨西哥薄饼250克	745千卡
鸡胸肉50克	84千卡
酸奶50克	36千卡
生菜叶50克	8千卡
红黄彩椒50克	10千卡
番茄150克	29千卡
洋葱30克	12千卡
合计	924千卡

5 番茄洗净、切丁，洋葱去皮、切丁，红黄彩椒洗净、切条，生菜洗净，撕成小片。

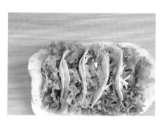

6 将加工好的食材分别卷入5张墨西哥薄饼中，即可食用。

烹饪秘笈

墨西哥薄饼可以在网上购买，也可以用简单的面饼代替。

海苔山药卷

🕐 30分钟　🔥 简单

特色

山药饱腹感强，热量却极低，所搭配的胡萝卜没有经过二次加工，最大限度地保留了维生素等天然营养成分。而山药的粉糯搭配胡萝卜的脆爽，也让口感更为丰富。

制作步骤

1 铁棍山药洗净后，切成段，用大火蒸熟。

2 胡萝卜和榨菜洗净后切成小丁。

3 蒸熟后的山药，剥皮，压成泥。

4 加入胡萝卜丁、榨菜丁和盐，搅拌均匀。

5 海苔摊开，将山药馅均匀铺一层，用力压实，卷成卷，切成小段即可。

主料

大张海苔	1张（约3克）
铁棍山药	250克
胡萝卜	50克

辅料

榨菜	10克
盐	3克

食材	热量
海苔3克	5千卡
铁棍山药250克	138千卡
胡萝卜50克	13千卡
合计	156千卡

烹饪秘笈

1. 山药蒸熟之后再剥皮比较方便，也不会手痒。

2. 榨菜可以从超市购买成品。

3. 卷的时候，海苔两侧留一些空隙，以免山药被挤出来。用力卷紧，以免切段的时候散开。

4. 胡萝卜和榨菜可以用其他喜欢的蔬菜瓜果替代。

海苔虾仁燕麦饭团

一口一个的满足

🕐 50分钟　　🔥 简单

特色

当你掌握了饭团的制作方法后,你会发现,饭团不但简单好上手,而且可以根据自己的喜好随意搭配,比如搭配粗粮、鱼肉等,不但饱腹,还是完美的低热量食品。

制作步骤

1 玉米粒混合大米洗净后,用电饭煲煮熟。

2 待米饭凉透后,拌入燕麦、黑芝麻、寿司醋、盐,混合均匀。

3 大虾洗净、剥出虾仁,剔除虾线。

4 锅内清水烧开,放入剥好的虾仁煮熟。

5 取适量米饭铺在保鲜膜上,裹入一个完整的虾仁,捏成团。

6 把饭团从保鲜膜中取出,外层包一片海苔,依次将材料做完即可。

主料

大虾	5个(约100克)
海苔	5片(约3克)
玉米粒	50克
大米	50克
即食燕麦	20克

辅料

寿司醋	1茶匙
盐	1/2茶匙
熟黑芝麻	10克

食材	热量
大虾100克	93千卡
海苔3克	6千卡
玉米粒50克	53千卡
大米50克	196千卡
即食燕麦20克	73千卡
合计	421千卡

烹饪秘笈

1. 购买已经炒熟的黑芝麻更为方便。
2. 根据自己的口味,把盐替换成白砂糖也可以。
3. 饭团一定要用力捏紧,以免散开。

培根鸡蛋三明治

🕐 20分钟　　🔥 简单

特色

这是很经典的一款三明治，培根、鸡蛋的组合在营养和味觉上都非常融洽，可谓天生一对。而番茄的酸甜多汁又添加了一层清凉爽口的感觉。

制作步骤

1 平底锅加热，培根切成两段，小火煎熟，撒上黑胡椒粉。

2 利用锅内余下的油脂，敲入鸡蛋，撒上少许盐，煎至自己喜欢的程度。

3 番茄切成细蓉，略微带汁的口感可以中和其他食材的干燥。

4 生菜叶洗净后撕成小片。

5 吐司去边，一片平铺。将培根、番茄细蓉、生菜、鸡蛋逐层铺好，再盖上另一片吐司。

6 成对角切开，一次可以做两份三明治。

主料

吐司	2片（约100克）
培根	1片（约30克）
鸡蛋	1个（约50克）
番茄	半个（约50克）
生菜叶	1片（约15克）

辅料

| 盐 | 少许 |
| 黑胡椒粉 | 少许 |

食材	热量
吐司100克	278千卡
培根30克	165千卡
鸡蛋50克	72千卡
番茄50克	10千卡
生菜叶15克	2千卡
合计	527千卡

烹饪秘笈

培根含油脂，煎的时候不需要放油，有效利用剩余油脂煎鸡蛋，可减少不必要的热量摄入。

金枪鱼轻享三明治

层次丰富的早餐

🕐 30分钟　🔥 简单

制作步骤

1 吐司切除边沿部分，如果喜欢香脆的口感，可以用烤箱烘烤加热一下。

2 洋葱剥去外层老皮，切成碎末；酸黄瓜切成薄片。

3 小香芹洗净后择去叶子，切成碎末。

4 从罐头中取出金枪鱼，沥干油分。

5 将洋葱、小香芹、黑胡椒粉、金枪鱼放入容器中，搅拌搅匀，再加入适量酸奶混合。

6 将吐司平铺，抹上一层金枪鱼酱料，厚薄根据自己的喜好决定。铺上一层酸黄瓜片。

7 盖上一片吐司，用刀成对角切开即可，可做成两个三明治。

特色

金枪鱼作为深海鱼类，肉质鲜美，富含微量元素、低热量且高蛋白，成为健身人群很好的肉类选择。未加工过的蔬菜让维生素保留更完整。而酸奶、酸黄瓜的加入，使三明治的口感层次更加鲜明。

主料

金枪鱼罐头	20克
吐司	2片（约100克）
洋葱	25克
酸黄瓜	半根（约40克）
酸奶	50克

辅料

小香芹	20克
黑胡椒粉	少许

食材	热量
金枪鱼罐头 20克	40千卡
吐司100克	278千卡
洋葱25克	10千卡
酸黄瓜40克	4千卡
酸奶50克	36千卡
合计	368千卡

CHAPTER 01 早餐

烹饪秘笈

金枪鱼罐头也可以用其他的鱼类罐头替代，比如鲔鱼罐头。

牛油果酱全麦吐司三明治

🕐 30分钟　🔥 简单

特色

全麦包含了小麦中所有的营养物质，在提供饱腹感的同时，还能提高人体的代谢，但美中不足的是口感略微粗糙，所以当加入细腻香滑的牛油果后，口感变得顺滑起来。牛油果独特的冰激凌般的口感能满足健身人群的口腹之欲，且不会让热量超标。

制作步骤

1　全麦吐司切除边沿部分。

2　牛油果切成细末，加入柠檬汁，搅拌均匀成牛油果酱。

3　平底锅加热，倒入橄榄油，磕入整个鸡蛋，撒少许盐，煎熟备用。

4　取一片吐司，平面均匀抹上牛油果酱。

5　在果酱上铺上煎好的鸡蛋，盖上一片吐司。

6　将做好的四方形吐司，成对角切成两个三角形即可，可做两份三明治。

主料

全麦吐司	2片（约100克）
牛油果	50克
鸡蛋	1个（约50克）

辅料

柠檬汁	1茶匙
橄榄油	1茶匙
盐	少许

食材	热量
全麦吐司100克	246千卡
牛油果50克	80千卡
鸡蛋50克	72千卡
合计	398千卡

烹饪秘笈

1.　煎鸡蛋用小火慢煎，可根据自己的喜好，选择蛋黄几成熟。

2.　两份三明治可以叠加成一份豪华分量的三明治。

橙香鸡蛋杯

🕐 20分钟　🔥 简单

特色

利用甜橙天然的造型作容器，蛋羹又带有甜橙的甘香和橙汁柔和梦幻的颜色，甚至作为甜品也是极为出众的。

主料

鸡蛋	1个（约50克）
橙子	1个（约200克）

辅料

牛奶	50毫升

制作步骤

1 橙子切开顶部，掏出果肉榨汁，保留完整的橙子皮作为蛋液的容器。

2 牛奶和橙汁分别加热至温热，搅拌均匀。

3 鸡蛋打散，加入牛奶橙汁，搅拌均匀。

4 鸡蛋液过筛，倒入橙皮杯中，用保鲜膜封口。

5 上大火蒸10分钟即可。

食材	热量
鸡蛋50克	72千卡
橙子200克	94千卡
合计	166千卡

烹饪秘笈

1. 蛋液过筛可以使鸡蛋羹不会形成蜂窝，更为嫩滑。
2. 用保鲜膜封口，是防止蒸煮过程中水蒸气落下，造成表面的不平滑。
3. 可以根据自己的口味添加细砂糖或盐。

CHAPTER 01 早餐

茶叶蛋

饱腹
专家

🕐 90分钟　🔥 简单

特色

煮鸡蛋的热量很低，但如果你不爱吃水煮蛋，茶叶蛋就是个不错的选择。因为综合了多种香料酱料，让鸡蛋有着极为丰富的口感。不知不觉，一个茶叶蛋已经落肚了。

主料

鸡蛋	4个（约200克）
茶叶	1茶匙（约5克）

辅料

八角	2颗
桂皮	1根
老抽	1/2汤匙
生抽	1/2汤匙
盐	1茶匙

制作步骤

1 鸡蛋放入锅中，加盐，大火煮开后，小火煮5分钟。

2 鸡蛋捞出冷却后，轻轻敲破蛋壳，形成纹路。

食材	热量
鸡蛋200克	288千卡
茶叶5克	0千卡
合计	288千卡

3 将鸡蛋放入电饭煲，加适量的清水，生抽、老抽、茶叶、八角和桂皮。

4 用煲汤的功能煮1小时。

5 煮好后的茶叶蛋，继续保温1小时。

6 连汤汁一起倒出来，装入容器中，继续浸泡1天，让其入味即可。

烹饪秘笈

1. 可以直接使用茶叶袋，如果是散装茶叶，用一个小袋子集中装起来，避免茶叶渣散开。
2. 喜欢甜味的人可以适当加一些白糖。
3. 高温天气可以放在冰箱冷藏浸泡。吃的时候加热一下即可。

秋葵蒸蛋

颜值
出众
小清新

🕐 20分钟　　🔥 简单

主料

秋葵2根（约50克）┃ 鸡蛋1个
（约50克）

辅料

盐少许

食材	热量
秋葵50克	19千卡
鸡蛋50克	72千卡
合计	91千卡

特色

当我们把秋葵切成小片时，你会发现，秋葵是一款颜值被低估了的蔬菜，它的横截面看起来就像一片一片的小星星，不管是摆盘或者造型，都非常抢眼。

烹饪秘笈

1. 秋葵尽量切薄，避免沉入碗底，影响美观。
2. 秋葵中的黏液对人体健康有好处，不要洗掉。
3. 蛋液过筛和裹保鲜膜的目的，都是为了让蛋羹更为细腻柔滑，这个步骤不可缺少。

制作步骤

1 秋葵洗净去蒂，按横切面切成极薄的薄片，成星状。

2 鸡蛋磕入碗内，加清水按1：1混合，打散搅匀。

3 蛋液中加入少许盐，搅拌均匀，过筛。

4 蛋液中加入秋葵片，搅拌均匀。

5 蛋液裹上保鲜膜，上大火蒸10分钟即可。

特色

制作步骤简单，香甜浓郁，富含天然维生素和膳食纤维，不但饱腹感强，热量也很低，还能有效促进肠胃蠕动，提高人体代谢，是一款很经典的老人、小孩都爱吃的汤品。

主料

南瓜150克 | 纯牛奶200毫升

辅料

玉米粒30克

食材	热量
南瓜150克	33千卡
纯牛奶200毫升	108千卡
合计	141千卡

烹饪秘笈

南瓜含有纯天然的甜味，可以不用再加糖。

南瓜蓉牛奶汤

浓香满屋

🕐 30分钟　　🔥 简单

制作步骤

1 南瓜削皮去子，切成1厘米见方的小块，上大火蒸熟。

2 南瓜用勺子压成泥状。

3 牛奶中加入玉米粒煮沸，加入南瓜泥搅拌均匀。

4 小火熬煮5分钟即可。

香芒紫薯思慕雪

甘甜清爽，双份满足

🕐 8分钟　🔥 简单

特色

芒果的香气和颜色，单是看见就能感受到满满的热带夏日风情；而紫薯绵密甘甜，能带来满足的饱腹感。和牛奶叠加，喝下去很久都不会有饥饿的感觉哦！

主料

大芒果	半个（约200克）
小紫薯	1个（约100克）
牛奶	250毫升

制作步骤

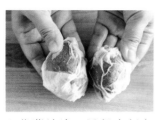

1 紫薯洗净，用餐巾纸包好，打湿。

2 放入微波炉，中高火转约3分钟。

3 取出，对半切开，晾凉备用。

4 芒果切成两半，利用玻璃杯的杯口刮取出芒果肉。

5 将芒果肉和紫薯一起放入果汁机，加入牛奶。

6 搅打均匀即可。

食材	热量
芒果200克	70千卡
紫薯100克	70千卡
牛奶250毫升	135千卡
合计	275千卡

烹饪秘笈

1. 微波加热的时间需要根据紫薯的大小来调整，取出后用筷子扎一下，可以轻易插透就代表熟透了。

2. 可以预留两块紫薯作为杯顶的点缀。

黄瓜西芹猕猴桃

宛如漫步在森林中

 5分钟　　 简单

特色

三种绿色的蔬果打出的果汁，看着就清爽宜人。堪称瘦身小能手的水果黄瓜，单是咀嚼和消化它所要付出的热量就要高于它本身的热量；西芹中满满都是膳食纤维，润肠通便功效极佳；再搭配富含维生素C的猕猴桃，让你的舌尖和身体都仿若置身于绿色森林一般。

主料

水果黄瓜	1根（约60克）
西芹	200克
猕猴桃	1颗（约60克）

制作步骤

1 水果黄瓜洗净外皮，切去两端。

2 切成小块，放入果汁机。

食材	热量
水果黄瓜60克	9千卡
西芹200克	32千卡
猕猴桃60克	37千卡
合计	78千卡

3 西芹择去芹菜叶，切去根部，洗净沥干水分。保留一小片芹菜的嫩叶备用。

4 将西芹切成小段，放入果汁机。

5 猕猴桃切去两端，用不锈钢大汤匙紧贴猕猴桃皮插进果肉，旋转猕猴桃，使汤匙在果皮与果肉间滑动，取出完整的果肉，放入果汁机。

6 搅打均匀后倒入杯中，点缀上步骤3预留的芹菜叶即可。

烹饪秘笈

西芹相较于普通芹菜，水分多、膳食纤维较少，打汁口感更佳，所以不建议用普通芹菜来代替。

银耳红枣羹

养颜又
瘦身

🕐 140分钟　🔥 简单

特色

银耳富含植物胶原蛋白，红枣补气养血。这道羹具有细腻柔滑的口感，不管是冷藏还是热饮，都是一种享受，而且热量极低，对于怕胖的人群来说是很好的滋补佳品。

主料

干银耳半朵（约15克）｜干红枣10颗（约30克）

辅料

枸杞子10克

食材	热量
干银耳15克	30千卡
干红枣30克	83千卡
合计	113千卡

制作步骤

1 银耳提前一晚泡发，至完全膨胀。

2 枸杞子、红枣洗净后备用。

3 银耳撕成小片，放入炖锅中，加入红枣，倒入1500毫升清水。

4 用炖锅熬煮2小时，撒入枸杞子，焖10分钟即可。

烹饪秘笈

1. 购买银耳时，要选择颜色自然的，过于白净或者过于发黄的都不好。
2. 红枣甜度比较高，不加糖也有自然的甜味。
3. 可根据自己喜好的浓稠度，调整清水的比例。
4. 虽然炖煮时间较长，但其实制作步骤很简单，用炖锅头天晚上提前炖好，早上起来直接喝，非常方便。

02
CHAPTER

午餐

泰式蔬菜鸡肉沙拉

把春天端到眼前

🕐 40分钟　🔥 简单

特色

东南亚料理总让我们联想到酸酸辣辣的口感和丰富新奇的香料。而这道沙拉搭配了鸡肉和多种蔬菜，营养全面，一大盘五彩缤纷的天然植物，好像把春天端到了你的眼前。

主料

鸡胸肉	100克
豌豆	50克
豌豆苗	20克
红黄彩椒	50克

辅料

小米辣	2根
新鲜柠檬	半个
蜂蜜	1汤匙
盐	1/2茶匙
黑胡椒粉	少许

制作步骤

1 鸡胸肉洗净后去皮，用盐、黑胡椒粉腌制20分钟。

2 鸡胸肉放入开水中，加盐，煮熟后撕成条。

3 豌豆用开水煮熟、过冷水备用。

4 小米辣切碎，红黄彩椒切细丝，新鲜柠檬挤出柠檬汁。

5 将蜂蜜和柠檬汁搅拌均匀，加入小米辣、黑胡椒粉，调成酸甜酱汁。

6 将鸡胸肉、豌豆、豌豆苗、红黄彩椒搅拌在一起，倒入酸甜酱汁搅拌均匀即可。

食材	热量
鸡胸肉100克	167千卡
豌豆50克	56千卡
豌豆苗20克	7千卡
红黄彩椒50克	10千卡
合计	240千卡

CHAPTER 02 午餐

烹饪秘笈

新鲜柠檬可以用白醋代替，蜂蜜可以用细砂糖代替。

牛油果大虾沙拉

🕐 30分钟　🔥 简单

特色

牛油果肉颜色清新，营养丰富，口感细腻香滑，不管是在冷菜还是甜品中，都是非常好的食材。这道沙拉我们采用了芒果和牛油果的组合，清香扑鼻、浓郁香滑，配以大虾弹牙的肉质，非常美味。

制作步骤

1 大虾去头、去壳，挑去虾线，用开水焯熟，沥水备用。

2 牛油果去壳，芒果去皮、去核，均切成小块。

3 黄瓜洗净，去皮，切成小块。

4 酸奶倒入碗中，加入少许芥末，搅拌均匀，调成沙拉酱。

5 将大虾、芒果、牛油果、黄瓜混合，淋上沙拉酱，吃的时候搅拌均匀即可。

主料

牛油果	100克
大虾	5个（约100克）
芒果	200克
黄瓜	100克

辅料

酸奶	150克
芥末	少许

食材	热量
牛油果100克	160千卡
大虾100克	93千卡
芒果200克	64千卡
黄瓜100克	15千卡
合计	332千卡

烹饪秘笈

1. 挑选鲜活的大虾，口感更为鲜甜。
2. 大虾的种类可以是基围虾、大头虾、九节虾等，都很适合。
3. 在挑选芒果时，外观呈现黄色，捏着稍微有些软，闻着带有芒果的香味，就是可以马上食用的成熟芒果。
4. 根据个人口味酌情加入芥末或者不加。

藜麦杏仁南瓜沙拉

五彩
缤纷
的美味

🕐 30分钟　　🔥 简单

特色

藜麦是植物中的营养高手，其蛋白质含量让人惊叹，是减脂健身人群的最爱。藜麦的口感也很特别，有韧劲，让咀嚼很有满足感。搭配上色彩丰富的蔬菜，让视觉和身体都享受到美食的力量。

主料

藜麦	50克
南瓜	100克
红黄彩椒	50克
樱桃萝卜	100克
烤熟杏仁	20克

辅料

汉风豆乳酱	适量

食材	热量
藜麦50克	184千卡
南瓜100克	22千卡
红黄彩椒50克	10千卡
樱桃萝卜100克	9千卡
杏仁20克	112千卡
合计	337千卡

制作步骤

1 南瓜削皮去子，切片。

2 红黄彩椒洗净，去蒂、切条。

3 樱桃萝卜洗净，切薄片。

4 南瓜、藜麦上大火蒸熟。

5 南瓜、藜麦混合均匀，加入红黄彩椒、樱桃萝卜、杏仁拌匀。

6 淋上汉风豆乳酱，搅拌均匀即可。

烹饪秘笈

藜麦用蒸的方式烹制可以有效减少水分，保持筋道的口感。

CHAPTER
02
午餐

汉风豆乳酱　　019页

芦笋拌腰果

清爽香脆

🕙 20分钟　　🔥 简单

特色

腰果香脆可口，含有大量营养物质，但多吃会腻，把芦笋的清爽搭配进来，加上少许白醋，能让口感变得更加丰富、爽口。

主料

芦笋	300克
腰果	50克

辅料

盐	1/2茶匙
白醋	1茶匙
生抽	1茶匙
橄榄油	少许

制作步骤

1 芦笋洗净后切成小段。

2 芦笋入沸水中焯熟，捞出后在冷水中浸泡至凉，沥干水分备用。

食材	热量
芦笋300克	57千卡
腰果50克	276千卡
合计	333千卡

3 锅内倒入橄榄油，倒入腰果，小火翻炒至金黄色。

4 腰果冷却后，拌入芦笋。

5 淋上白醋、生抽和盐，搅拌均匀即可。

烹饪秘笈

1. 炒腰果、花生米这类坚果，都是冷油小火翻炒，这样口感才香脆。
2. 如果购买的是无盐腰果，在炒制的过程中可以加入少许盐调味。
3. 可以用喜欢的坚果替代腰果，比如核桃、夏威夷果等，这类坚果则不需要放盐炒制。

芦笋炒鸡胸

享用春的气息

 40分钟　 简单

特色

鸡胸肉富含蛋白质，芦笋富含膳食纤维，两者搭配，不管在口感还是营养上都很完美。芦笋的颜值让你感受到扑面而来的春天的气息。

制作步骤

1 鸡胸肉去皮，洗净，切成小块；芦笋洗净，切长段。

2 鸡胸肉撒上盐、料酒、黑胡椒粉搅拌均匀，腌制20分钟入味。

3 腌制好的鸡胸肉沥干水分备用；平底锅烧热，放入少许橄榄油。

4 将腌制好的鸡胸肉放入锅内翻炒至香味出来。

5 倒入芦笋，撒上少许盐和黑胡椒粉，翻炒3分钟左右，即可食用。

主料

芦笋	300克
鸡胸肉	100克

辅料

橄榄油	1茶匙
盐	1/2茶匙
料酒	1茶匙
黑胡椒粉	少许

食材	热量
芦笋300克	57千卡
鸡胸肉100克	167千卡
合计	224千卡

烹饪秘笈

1. 芦笋挑选根部易断的，比较鲜嫩，如果根部老化，需要将根部去掉再进行烹饪。

2. 芦笋容易熟，翻炒时间不宜过长。

3. 鸡胸肉在煎制的过程中，可以少油、中火，耐心地翻面，直到两面稍微变黄，香气出来。

番茄黑椒煎鸡胸

又香又
健康

🕐 30分钟　🔥 简单

特色

番茄的维生素C含量非常高，在增强体质的同时，还起到美白肌肤的作用，所以不管是做菜还是做零食，都是很好的选择。鸡胸肉用黑胡椒粉腌制入味，再少油小火煎熟，又香又健康。

制作步骤

1　番茄洗净，去皮，切成小丁；洋葱去皮，切碎。

2　鸡胸肉去皮，加入盐和黑胡椒粉，腌制10分钟。

3　锅中倒橄榄油烧热，将鸡胸肉放入，两面煎至金黄。

4　撒盐和黑胡椒粉调味后，盛出装盘。

5　锅中再倒入少许橄榄油烧热，放入洋葱丁爆香。

6　放入番茄丁，炒至番茄丁略出汁后，加少许盐调味，盛出淋在鸡胸肉上即可。

主料

鸡胸肉	100克
中等番茄	1个（约150克）
洋葱	半个（约100克）

辅料

黑胡椒粉	1茶匙
盐	1/2茶匙
橄榄油	1汤匙

食材	热量
鸡胸肉100克	167千卡
番茄150克	29千卡
洋葱100克	39千卡
合计	235千卡

烹饪秘笈

在番茄表皮上划几道刀口，放入滚水中烫1分钟至番茄皮裂开，这样更容易去皮。

秋葵炒鸡蛋

完美膳食搭配

🕐 20分钟　🔥 简单

特色

秋葵特有的黏液对肠胃可起到很好的调节作用，而且秋葵所含的钙质丰富，容易被人体吸收，加上富含蛋白质的鸡蛋，是非常营养健康的搭配。

主料

秋葵	500克
鸡蛋	2个（约100克）

辅料

盐	1/2茶匙
生抽	1茶匙
橄榄油	1汤匙
蒜蓉	少许

制作步骤

1 秋葵洗净，去蒂，切成小圈。

2 鸡蛋打散，加入少许盐，搅拌均匀。

食材	热量
秋葵500克	185千卡
鸡蛋100克	144千卡
合计	329千卡

3 锅内加入少许橄榄油烧热，倒入蛋液炒熟，盛出备用。

4 锅内再加入少许橄榄油烧热，放入蒜蓉爆香，加入秋葵翻炒至八成熟。

5 倒入炒好的鸡蛋，继续翻炒。

6 加入适量的盐、生抽，翻炒入味即可。

烹饪秘笈

1. 秋葵中独特的黏液，对人体有益，需要保留。
2. 炒鸡蛋的时候注意火候，不要炒得过老，要保留嫩滑的口感。

葱蒸鲈鱼

低热量
佳肴

🕐 30分钟　🔥 简单

制作步骤

1 鲈鱼洗净，去除内脏和鳃，两面各用刀划几道刀口。

2 生姜一半切片，一半切成姜丝；细香葱部分切成葱末、部分切成葱段。

3 生抽和凉开水按照1∶1调成汁。

4 将鲈鱼摆入盘中，上下垫上几片生姜和香葱段。

5 锅内清水烧开，鲈鱼隔水大火蒸10分钟左右。

6 蒸好后的鱼汤、葱段和姜片弃用。

7 撒上新的葱末、姜丝，浇上调味汁。

8 锅内倒入植物油，大火烧至冒烟的热度，趁热浇至鱼上，即可食用。

特色

鱼类富含蛋白质且热量很低，对于健身减肥人群来说，无疑是很好的选择。而鲈鱼刺少肉嫩，只要注意烹饪加工的方法，便能获得极大的口感满足。这道菜采用了蒸的制作步骤，蒸出的鱼肉香甜可口，细嫩爽滑，只要控制住最后浇油的分量，就能达到减脂健身的目的。

主料

鲈鱼	1条（约700克）

辅料

细香葱	3根
生姜	1块
生抽	1汤匙
植物油	1汤匙

食材	热量
鲈鱼700克	426千卡
合计	426千卡

烹饪秘笈

1. 购买鱼的时候可以要求把鱼加工好，去除鳃部、内脏和鳞片。
2. 如果是薄盐生抽，则不用调配凉开水，直接使用即可。

柠檬龙利鱼柳

让你边
吃边瘦

🕐 50分钟　　🔥 简单

特色

龙利鱼的热量和脂肪含量非常低，富含蛋白质，而且肉多刺少，没有鱼腥味，在口感上也是非常细腻。这道菜我们加上一些柠檬的酸甜和香芹的脆爽，简单易做又好吃。

主料

龙利鱼柳	200克

辅料

柠檬	半个
香芹碎	20克
橄榄油	1汤匙
蒜蓉	10克
盐	3克
黑胡椒粉	少许

制作步骤

1 柠檬榨出汁，少许柠檬皮切成丝。

2 龙利鱼柳撒上黑胡椒粉、蒜蓉、盐、柠檬汁抹匀，腌制30分钟后沥干水分。

食材	热量
龙利鱼柳 200克	166千卡
合计	166千卡

3 平底锅加热，倒入橄榄油。

4 将腌制好的龙利鱼柳放入平底锅内，中火煎至变色出香味。

5 小心将鱼柳翻面，煎至两面熟透。

6 撒上香芹碎和柠檬丝即可。

烹饪秘笈

龙利鱼柳易碎，在煎的时候一定要小心翻面，不要随意翻动。

蒜香烤虾

 40分钟　 简单

特色

鲜香开胃，口感达到了烧烤级别，但因为采用了烤箱少油的烹饪方式，热量得到控制，口感却大大提升，让你吃得大呼痛快。

主料

新鲜大虾	500克

辅料

葱花	30克
蒜蓉	50克
豆豉	10克
料酒	1汤匙
橄榄油	1汤匙

制作步骤

1 新鲜大虾洗净，剪掉虾须、虾背切开，去掉虾线备用。

2 将蒜蓉、豆豉、料酒、橄榄油混合成调料。

食材	热量
新鲜大虾 500克	465千卡
合计	465千卡

3 将调料满满地塞进切开的虾背中。

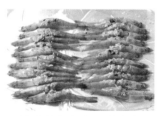

4 烤盘垫好锡纸，将大虾摆放整齐。

5 烤箱预热至180℃，将烤盘放入烤箱中层，烤20分钟。

6 在烤好的大虾上撒上葱花进行装饰即可。

烹饪秘笈

如果喜欢吃辣的，可以添加辣椒粉或者辣椒油。

CHAPTER
02
午餐

芦笋鲜虾烩

看着心情就好

🕐 40分钟 　 🔥 简单

制作步骤

1 芦笋洗净切成段。

2 鸡蛋打散，加入少许盐，搅拌均匀。

3 新鲜大虾剥壳去头，挑去虾线，用料酒腌制5分钟。

4 锅内倒入少许橄榄油加热，倒入蛋液翻炒成块，盛出备用。

5 锅内再次倒入少许橄榄油加热，倒入虾仁翻炒变色。

6 加入芦笋、撒入盐，翻炒。

7 加入炒好的鸡蛋翻炒。

8 沿着锅边淋入生抽，翻炒1分钟左右即可。

特色

色泽诱人，爽脆弹牙，高钙低脂。鲜虾作为水产中的代表成员，引得无数老饕垂涎不已。芦笋是维生素极为丰富的蔬菜，为了保持营养和口感，不宜过度烹饪。

主料

芦笋	5根（约100克）
新鲜大虾	10个（约250克）
鸡蛋	1个（约50克）

辅料

生抽	1茶匙
盐	1/2茶匙
料酒	1茶匙
橄榄油	1汤匙

食材	热量
芦笋100克	10千卡
新鲜大虾250克	233千卡
鸡蛋50克	72千卡
合计	315千卡

烹饪秘笈

芦笋易熟，翻炒时注意观察火候，不要炒过头。

白灼鲜虾

越吃越
健康

🕐 15分钟　　🔥 简单

特色

这是一道极为经典的海鲜菜式，制作步骤极简，通过水煮白灼的烹饪方式，最大限度地保留了海虾的营养和海产本身的鲜甜，热量也很低。

主料

| 新鲜大虾 | 500克 |

辅料

| 生姜 | 5片 |
| 薄盐生抽 | 1汤匙 |

制作步骤

1 鲜虾洗净，剪去虾须。

2 锅内清水煮沸，放入姜片烧开。

食材	热量
新鲜大虾 500克	465千卡
合计	**465千卡**

3 放入新鲜的大虾，大火煮3分钟，至大虾颜色变红。

4 捞起大虾，沥干水分，摆盘即可。

5 蘸料碟放少许薄盐生抽，蘸着吃。

烹饪秘笈

1. 可以选择常见的基围虾，也可以选择九节虾等不同种类的虾类。
2. 要挑选鲜活的大虾，口感更加鲜甜。
3. 大虾不宜煮得过老，否则肉质会失去弹性。
4. 喜欢芥末的，可以将芥末加在薄盐生抽中。
5. 剥虾壳的时候，虾背上的虾线要记得去除。

洋葱烤鱿鱼

满足口
腹之欲

🕐 70分钟　🔥 简单

特色

水产品基本都是高蛋白低脂肪，健身减肥人群可以多食用水产品。根据不同的烹饪方式，鱿鱼或鲜嫩弹牙，或嚼劲十足。本菜谱采用和洋葱搭配，用烤箱烹饪，最大限度地在口感和营养上达到平衡。

主料

鱿鱼	1只（约500克）
洋葱	半个（约100克）

辅料

蒜瓣	1个
生姜	30克
料酒	1茶匙
盐	1茶匙
辣酱	1茶匙
橄榄油	1汤匙

制作步骤

1 生姜去皮洗净，切成姜末。

2 洋葱切碎；蒜瓣切成蒜蓉。

食材	热量
鱿鱼500克	375千卡
洋葱100克	39千卡
合计	414千卡

3 鱿鱼洗净，切成块，用料酒、盐、部分姜末腌制半小时。

4 烤盘刷上一层橄榄油，烤盘上摆好洋葱碎、蒜蓉、剩余姜末，放入腌制好的鱿鱼。

5 烤箱预热至190℃，将烤盘放入烤箱中下层，烤20分钟。

6 烤好后淋上辣酱即可。

CHAPTER 02 午餐

烹饪秘笈

1. 将鱿鱼切块烤制，方便食用，也更容易入味。
2. 烤制的时间可以灵活一些，比如喜欢柔嫩一点的就烤15分钟，如果喜欢香脆一些的，烤25分钟。

黑椒洋葱牛肉粒

让牛肉更好吃

🕐 30分钟　　🔥 简单

特色

牛肉蛋白质含量高，热量低，是健身人群特别喜爱的食材，根据不同部位的牛肉，有不同的低脂又好吃的制作步骤，而牛里脊是脂肪含量低又嫩的部分，搭配洋葱和黑胡椒，不但补充了膳食纤维和维生素，还获得了更为丰富的口感。

主料

牛里脊肉200克 ▎ 小个洋葱1个（约100克）

辅料

橄榄油1汤匙 ▎ 黑胡椒粉1茶匙 ▎ 盐1/2茶匙

食材	热量
牛里脊肉200克	214千卡
洋葱100克	39千卡
合计	253千卡

制作步骤

1 牛肉切成丁，撒上盐和黑胡椒粉揉匀，腌制15分钟，沥干水分备用。

2 洋葱切成末。

烹饪秘笈

炒洋葱时可用大火爆香，加入牛肉丁后改用中小火慢煎，以免牛肉粘锅。

3 平底锅加入橄榄油烧热，放入洋葱末炒香。

4 放入牛肉丁，翻炒。

5 装盘，撒上黑胡椒粉即可。

特色

茄子肉质丰厚，细腻清甜，只需要加少许配料，就能吃到最纯粹的风味。茄子本身吸油、易入味，我们使用烤箱这个工具，少油烹饪，烤好后的茄子自然甘甜，蒜香扑鼻。

主料

茄子2个（约500克）

辅料

蒜蓉20克 | 盐1茶匙 | 橄榄油1汤匙 | 葱花少许

食材	热量
茄子500克	105千卡
合计	105千卡

原味甜香 烤茄子

纯粹的香甜

🕐 40分钟　🔥 简单

烹饪秘笈

1. 每个烤箱的温度有所差异，所以烤茄子的时候注意观察火候，以茄子烤到塌软的程度即可。
2. 原味烤出来的茄子味道清甜。如果喜欢吃辣的，可以加上小红椒碎末。

制作步骤

1 茄子洗净，去蒂，对半切开，茄肉划上几刀。

2 将盐、葱花、蒜蓉和橄榄油搅拌均匀，调成酱汁。

3 烤盘垫好锡纸，摆好茄子，把酱汁均匀抹在茄子表面和划开的茄肉缝隙中。

4 烤箱预热至200℃，烤盘放入烤箱，上下火烤15分钟即可。

橄榄油烤风琴土豆

好吃又好玩

🕐 90分钟 　 🔥 高级

制作步骤

1 柠檬削皮，取出果肉榨汁，柠檬皮切成细末。

2 香芹洗净，切碎。

3 土豆洗净，削皮，底部削去一层形成平面，以免烤土豆时无法平放。

4 土豆切片，底部不要切断，保留大概1厘米左右厚度的相连的部分。

5 将橄榄油、蒜蓉、柠檬汁、盐、黑胡椒粒搅拌均匀，调成酱汁。

6 切好的土豆放入烤盘中，每个土豆浇上一勺酱汁。

7 烤箱预热至200℃，将烤盘放入烤箱中层，烤30分钟。

8 拿出烤盘，再次在土豆上浇一勺酱汁，继续烤30分钟。

9 在剩下的酱汁里加入柠檬碎和香芹末，搅拌均匀，淋在烤好的土豆上即可。

特色

这是一道香气四溢，让口腹之欲得到极大满足的菜式。土豆是低卡饱腹的好食材，只要我们烹饪方式得当，就可以吃得过瘾又吃得健康。

主料

土豆	3个（约600克）

辅料

柠檬	半个
香芹	1根
橄榄油	1汤匙
蒜蓉	20克
盐	1茶匙
黑胡椒粒	少许

食材	热量
土豆600克	456千卡
合计	456千卡

烹饪秘笈

切土豆时，将土豆两边各摆上一根筷子再切，可避免将土豆切断。

高纤油焖春笋

促进肠道运动

🕐 40分钟　　🔥 简单

特色

春笋味道清淡鲜嫩，是时令感非常强的蔬菜。因为富含膳食纤维，春笋具有吸附脂肪、提高人体代谢的作用，是减肥者理想的食物之一。经过油焖之后，清淡的春笋口感更加浓郁丰富，是低热量的下饭好菜。

制作步骤

1 春笋剥壳洗净后，切块。

2 锅内清水烧开，放入春笋焯水，沥干水分备用。

3 锅内倒入植物油烧热，加入春笋翻炒。

4 加入盐、细砂糖和酱油翻炒。

5 加入清水，没过笋块即可，转小火焖煮。

6 煮至水干收汁，撒上葱花即可。

主料

春笋	1000克

辅料

植物油	2汤匙
盐	1茶匙
酱油	1汤匙
细砂糖	1汤匙
葱花	少许

食材	热量
春笋1000克	200千卡
合计	200千卡

烹饪秘笈

红烧的关键在于酱油和糖，所以这两样必不可少，但是可以根据自己的口味酌量增减。

锡纸包金针菇

30分钟　简单

特色

金针菇鲜美多汁，韧中带脆，有些弹牙的脆爽感，在烤熟后，金针菇本身的水分会带出香甜的汤汁，好吃又不长胖。

主料

金针菇　　　　　500克

辅料

蒜蓉　　　　　　20克
橄榄油　　　　　1汤匙
蚝油　　　　　　1茶匙
盐　　　　　　　1/2茶匙
葱花　　　　　　少许

制作步骤

1 金针菇去掉根部，洗净。

2 蒜蓉、盐、橄榄油、蚝油、葱花调和均匀，成酱汁。

食材	热量
金针菇500克	130千卡
合计	130千卡

3 把金针菇放入锡纸中，四边周围折叠整齐牢固。

4 把酱汁和金针菇充分混合均匀。

5 放入烤箱中层，210℃烤15分钟左右即可。

烹饪秘笈

1. 金针菇去掉根部后，将其均匀撕开，不要让根部连在一块。
2. 折叠锡纸的时候，锡纸封边要牢固，免得汤汁流出来。
3. 烤制时注意观察火候，每个烤箱的温度略有不同，不要烤过了，留些汤汁更为鲜美。

CHAPTER
02
午餐

茄汁蟹味菇

海洋的味道

⏱ 30分钟　🔥 简单

特色

蟹味菇有独特的蟹香味，所含的维生素和氨基酸都高于普通菌类，口感脆嫩滑爽，健康营养又低热量，和番茄一起烹煮，酸甜脆嫩中带着海鲜的鲜味，非常可口下饭。

主料

蟹味菇	500克
大个番茄	1个（约250克）

辅料

番茄酱	1汤匙
橄榄油	1汤匙
盐	1/2茶匙
葱花	少许

制作步骤

1 蟹味菇洗净、番茄洗净切小丁。

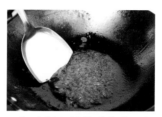

2 锅内倒入橄榄油烧热，加入番茄酱，小火翻炒。

食材	热量
蟹味菇500克	175千卡
番茄250克	48千卡
合计	223千卡

3 倒入番茄丁，中火翻炒至出汁。

4 加入蟹味菇、盐翻炒，盖上锅盖，小火焖煮至汤汁浓稠。

5 起锅，撒上少许葱花即可。

烹饪秘笈

1. 蟹味菇独有的海鲜香味，和番茄的搭配很适合，因此尽量不要替换成其他品种的菇类。

2. 番茄酱中有盐分，因此菜式中的盐要少放一些。

3. 汤汁非常下饭，因此可以多留一些，煮到汤汁浓稠即可。

4. 也可以加一些火腿丁进行调味，在翻炒的时候加入即可。

泡椒酸辣魔芋

 30分钟 🔥 简单

制作步骤

1 魔芋洗净，切成细条；泡椒切碎。

2 魔芋放入沸水中煮3分钟，捞出沥干水分。

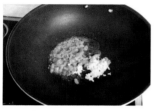

3 锅内倒入橄榄油烧热，放入泡椒、蒜蓉、花椒爆香。

4 放入豆瓣酱炒出香味。

5 倒入魔芋、蚝油、白醋，翻炒几分钟。

6 加入一小碗清水，转小火，盖上锅盖焖几分钟。

7 等到汤汁浓稠，转大火收汁，撒上葱花即可。

特色

魔芋是减肥充饥的明星食材，蓬蓬的身体却只有极低的热量。魔芋口感柔滑易入味，搭配泡椒、豆瓣酱和花椒，综合成麻辣鲜香的刺激口味，开胃下饭又瘦身。

主料

魔芋	1000克

辅料

橄榄油	1汤匙
泡椒	60克
蒜蓉	10克
花椒	10克
豆瓣酱	20克
蚝油	1茶匙
白醋	1茶匙
葱花	少许

食材	热量
魔芋1000克	70千卡
合计	70千卡

CHAPTER 02 午餐

烹饪秘笈

魔芋水分很多，用沸水焯烫可以有效减少食材中的水分。

白灼酱汁芦笋

越吃
越瘦

🕐 10分钟　　🔥 简单

特色

芦笋含有丰富的维生素和多种微量元素，能促进人体代谢，帮助身体排毒。我们用白灼水煮的方式，将烹饪过程简化，完整地保留了芦笋的营养成分，是健身饱腹的极好选择。

主料

芦笋300克

辅料

蒜蓉10克 ┃ 熟黑芝麻10克 ┃ 盐1/2茶匙 ┃ 生抽1汤匙

食材	热量
芦笋300克	57千卡
合计	57千卡

制作步骤

1 芦笋洗净，放入沸水中，加入盐，焯一两分钟至熟。

2 将芦笋整齐摆入盘中，上面铺上蒜蓉。

烹饪秘笈

芦笋容易煮熟，焯水的时候注意观察火候。

3 生抽和凉开水按照1∶1的比例混合均匀。

4 将酱汁淋在芦笋上。

5 撒上少许熟黑芝麻即可。

特色

筒骨汤高钙高营养，配上海带的鲜香，让整个汤香气浓郁。而魔芋的加入，让汤更加美味营养之余，还有更好的饱腹感。

主料

猪筒骨1大块（约700克）┃海带节100克┃魔芋结100克

辅料

生姜5片 ┃ 盐1茶匙 ┃ 葱花少许 ┃ 白胡椒粉少许

食材	热量
猪筒骨700克	1400千卡
海带结100克	12千卡
魔芋结100克	7千卡
合计	1419千卡

海带魔芋筒骨煲

在温暖中补钙

 60分钟　🔥 简单

烹饪秘笈

1. 猪筒骨可以剁小块一些，节约烹饪时间。
2. 海带结的打结处容易藏沙砾，需要仔细清洗，或者把结拆开洗。

制作步骤

1 猪筒骨洗净后剁成块，放入沸水中煮开后捞出，冲干净浮沫。

2 海带节、魔芋结洗净。

3 锅内加入1000毫升清水烧开，放入姜片、猪筒骨，小火熬煮20分钟。

4 加入海带、魔芋结、盐，小火继续熬煮20分钟。

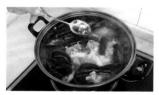

5 关火，撒上白胡椒粉和葱花即可。

无糖南瓜蘑菇汤 饱腹零负担

🕐 30分钟　🔥 简单

制作步骤

1 南瓜削皮去子，切成小块，上锅蒸熟。

2 蘑菇洗净后切成薄片。

3 南瓜、牛奶放入搅拌机内，搅拌成糊。

4 锅内倒入少许橄榄油烧热，倒入蘑菇片、黑胡椒粉炒熟，盛出备用。

5 锅内加入200毫升清水烧开，倒入南瓜糊，搅拌均匀烧开。

6 加入炒好的蘑菇、盐，小火煮5分钟。

7 汤汁变浓后，关火，撒上少许葱花即可。

特色

南瓜做成汤羹后，浓郁香甜，不但好吃、饱腹，还能提高人体的代谢，配上顺滑爽口的蘑菇片和提味的黑胡椒粉，让人忍不住多喝几碗，还不用怕胖。

主料

南瓜	300克
蘑菇	100克
纯牛奶	200毫升

辅料

橄榄油	1茶匙
盐	1/2茶匙
黑胡椒粉	少许
葱花	少许

食材	热量
南瓜300克	66千卡
蘑菇100克	20千卡
纯牛奶200毫升	108千卡
合计	194千卡

烹饪秘笈

1. 购买青皮的老南瓜，会更香甜一些。
2. 南瓜本身含有糖分，因此不需要再加糖，用少许盐调味就很香甜。

酸汤牛肉锅

酸酸辣辣下饭菜

🕐 30分钟　🔥 简单

特色

酸酸辣辣的汤汁，配上丰腴的牛腩肉、顺滑有嚼劲的金针菇，极大地满足了人们的口腹之欲，是营养又好吃的下饭菜。

主料

牛腩肉	150克
韩国泡菜	**200克**
金针菇	200克

辅料

小米辣	3个
盐	1/2茶匙
橄榄油	1汤匙
葱花	少许

制作步骤

1 牛肉切薄片，金针菇择洗净。

2 泡菜切块，小米辣切成小圈。

食材	热量
牛腩肉150克	425千卡
韩国泡菜200克	74千卡
金针菇200克	52千卡
合计	551千卡

3 锅内倒入少许橄榄油烧热，加入小米辣爆香。

4 放入泡菜翻炒1分钟，注入2倍于食材的清水烧开，转中火。

5 放入金针菇、牛肉、盐，中火焖煮5分钟。

6 撒上葱花即可。

烹饪秘笈

可根据自己的喜好适量增减泡菜的用量。

鸡汤养生福袋

一口袋的丰美

🕐 120分钟　🔥 高级

制作步骤

1 鸡腿肉洗净、切块；玉米粒洗净。

2 方形千张放入开水中烫软。

3 木耳泡发、切碎。

4 锅内倒入清水，加入鸡腿肉和生姜烧开，小火熬煮60分钟备用。

5 猪肉糜、玉米粒、木耳拌匀。

6 肉馅中加入盐、料酒、黑胡椒粉及少许鸡汤（鸡汤是为了让馅料柔软细腻，可根据干湿程度自己调整，能捏成丸子即可）。

7 千张摊开，放上肉馅，提起千张的四角，用香葱缠绕打结，捆紧。

8 将做好的千张福袋放入步骤4熬好的鸡汤当中，中火焖煮8分钟左右即可。

特色

这道菜汤汁浓郁，膳食结构合理，在提供丰富营养的同时，口感也是丰富多变的，千张的韧劲、木耳的脆爽、玉米粒的多汁，咬上一口，非常满足。

主料

鸡腿肉	50克
猪肉糜	50克
干木耳	10克
玉米粒	50克
方形千张	250克

辅料

生姜	3片
盐	1/2茶匙
料酒	1茶匙
黑胡椒粉	少许
细香葱	少许

食材	热量
鸡腿肉50克	91千卡
猪肉糜50克	72千卡
方形百叶250克	355千卡
干木耳10克	30千卡
玉米粒50克	53千卡
合计	601千卡

烹饪秘笈

1. 如果没有正方形的千张，可以买大张的千张自己切。或者用馄饨皮代替。

2. 可以使用超市购买的半成品鸡汤代替熬煮鸡汤的过程。

茶汤焖五谷

品一碗茶香

🕐 50分钟　🔥 简单

特色

茶汤能解腻、补充多种微量元素，用茶汤煮出的米饭，香气四溢。粗粮不仅带来丰美的满足感，还能提高人体代谢，搭配的青菜则提供了丰富的维生素，在享受美味的同时，并不会给身体造成额外的负担。

主料

糙米30克 ▍ 藜麦30克 ▍ 大米30克 ▍ 黑米25克 ▍ 香肠50克 ▍ 菜心100克

辅料

盐1/2茶匙 ▍ 茶叶10克

制作步骤

1 沸水中加入10克茶叶泡开。

2 香肠切薄片，菜心择洗净。

食材	热量
糙米30克	110千卡
藜麦30克	110千卡
大米30克	104千卡
黑米25克	83千卡
香肠50克	254千卡
菜心100克	19千卡
合计	680千卡

3 谷物淘洗净后，加入香肠，倒入茶汤，加入盐，搅拌均匀，放入电饭煲正常煮饭。

4 米饭熟后，打开盖子，放入菜心，盖盖闷5分钟即成。

烹饪秘笈

1. 茶叶不限品种，绿茶、红茶、乌龙茶都可以。
2. 茶汤代替清水煮饭，会有独特的清香味。

蒜香醋汁土豆沙拉

酸香
软绵
又饱腹

🕐 50分钟　　🔥 简单

制作步骤

1 土豆洗净，削皮，切小块。

2 锅内加水煮沸，加入适量盐，加入土豆块，煮约10分钟至变软。

3 将蒜蓉、盐、橄榄油混合，调成酱汁。

4 煮好的土豆沥干水分，淋上一勺酱汁，搅拌均匀，均匀铺入烤盘中。

5 烤箱预热至200℃，将烤盘放入中下层，烤20分钟左右至土豆微焦。

6 剩下的酱汁，加入米醋、洋葱末、葱末、香菜末，搅拌均匀。

7 烤好的土豆装盘，拌入酱汁，撒上黑胡椒碎调味即可。

特色

土豆可以带来强烈的饱腹感，我们把土豆水煮后再无油烤制，烤好后的土豆表皮微焦香脆，再用醋汁、蒜蓉一搭配，酸香可口。

主料

土豆	300克

辅料

橄榄油	1汤匙
蒜蓉	10克
盐	1/2茶匙
米醋	1茶匙
洋葱末	10克
葱末	10克
香菜末	10克
黑胡椒碎	1茶匙

食材	热量
土豆300克	228千卡
合计	228千卡

烹饪秘笈

可以根据自己的喜好适当添加米醋，也可以不加。

三文鱼芒果沙拉

享受
热带
的丰美

🕐 20分钟　🔥 简单

特色

香浓的芒果搭配丰腴的三文鱼，再配以紫甘蓝等蔬菜，饱腹不油腻。天然的柠檬酸，带来清新的气息，开胃助消化。

主料

新鲜三文鱼150克 ▎ 芒果1个（约150克）▎ 紫甘蓝50克 ▎ 黄瓜半根（约100克）

辅料

柠檬半个 ▎ 黑胡椒粉少许 ▎ 盐少许

食材	热量
三文鱼150克	209千卡
芒果150克	48千卡
紫甘蓝50克	10千卡
黄瓜100克	15千卡
合计	282千卡

制作步骤

1 新鲜三文鱼洗净后用纸巾吸干水分，切成小块。

2 芒果去皮、去核，切成小块；紫甘蓝洗净，切丝；黄瓜洗净，去皮，切小块。

3 柠檬挤出汁备用。

4 将所有食材混合，撒上黑胡椒粉、盐、柠檬汁，搅拌均匀即可。

烹饪秘笈

如果没有柠檬，用甜醋或者香醋替代也可以。但是柠檬所含的天然植物香味能给沙拉带来更丰富的口感。

特色

蜜柚含丰富的维生素，尤其是维生素C，酸酸甜甜的口感和晶莹的果肉，给沙拉增色不少。而鲜嫩弹牙的虾仁中富含蛋白质和钙，搭配食用清爽可口又健康。

主料

蜜柚肉100克 ┃ 核桃仁20克 ┃ 生菜3片（约50克）┃ 鲜虾10只（约200克）

辅料

意大利油醋汁适量

食材	热量
蜜柚肉100克	41千卡
核桃仁20克	130千卡
生菜50克	8千卡
鲜虾200克	186千卡
合计	365千卡

烹饪秘笈

红肉蜜柚更为美观，如果没有，也可以用普通的白肉柚子替代。

意大利油醋汁　　018页

蜜柚鲜虾沙拉

  高颜值高蛋白

🕐 20分钟　　🔥 简单

制作步骤

1 将蜜柚剥皮，柚子肉掰成小块。

2 生菜洗净后，撕成小片。

3 鲜虾去头、剥壳，去掉虾线，留尾部，入沸水中焯熟。

4 将蜜柚肉、生菜、核桃仁、虾肉放入大碗内混合，淋上意大利油醋汁即可。

腐竹拌香芹

 30分钟 　 简单

特色

腐竹因其独特的口感、浓郁的豆香、高蛋白的营养和极低的热量，一直受到大众的喜爱，也是饱腹又健康的食材选择。搭配香芹的脆爽，拌上酸辣鲜香的调味品，就是一道非常好吃的菜式了。

制作步骤

1 干腐竹泡发，切成段

2 香芹洗净，切小段。

3 胡萝卜洗净，切滚刀小块。

4 锅内清水烧开，放入腐竹、香芹、胡萝卜，焯水1分钟，捞出沥干水分，放凉。

5 锅内倒入橄榄油烧热，放入花椒，小火炒香，捞出花椒弃用。

6 烧热的橄榄油倒入放凉的食材上，撒上盐、淋上白醋，搅拌均匀即可。

主料

干腐竹	30克
香芹	100克
胡萝卜	100克

辅料

橄榄油	1汤匙
盐	1茶匙
花椒	5克
白醋	少许

食材	热量
干腐竹30克	138千卡
香芹100克	14千卡
胡萝卜100克	25千卡
合计	177千卡

烹饪秘笈

干腐竹泡发至软即可，可根据自己喜欢的口感，增减浸泡的时间。

芥末冰镇芦笋

完美健身餐

⏱ 30分钟　🔥 简单

特色

芦笋热量极低，却富含膳食纤维和维生素，我们采用水煮冰镇的烹饪方式，极大程度地保留了食材的营养，并且控制住了烹饪过程中所产生的热量。

主料

芦笋500克

辅料

生抽1茶匙 ┃ 日式芥末少许

食材	热量
芦笋500克	95千卡
合计	95千卡

制作步骤

1 芦笋洗净，放入沸水中焯熟。

2 捞出芦笋，过冷水，沥干水分，备用。

3 盘子底部垫上碎冰块，将芦笋摆放于冰块上。

4 生抽倒入蘸料碟中，挤上一小段日式芥末，搅拌均匀即可。

5 芦笋蘸酱料吃。

烹饪秘笈

芦笋入沸水中焯软即可，尽量保持脆嫩的口感。

特色

通过水煮白灼的烹饪方式，完美地保留了鱿鱼的营养物质，极简的烹饪方式达到了口感和健康的双重要求，蘸上少许蘸料，就能大快朵颐。

主料

新鲜鱿鱼500克

辅料

生姜3片 ┃ 生抽1茶匙 ┃ 芥末少许

食材	热量
新鲜鱿鱼500克	420千卡
合计	420千卡

烹饪秘笈

鱿鱼不宜煮得过老，保持弹牙的口感为佳。

白灼鱿鱼

脆爽弹牙

🕐 20分钟　🔥 简单

制作步骤

1 鱿鱼洗净，切成段。

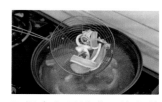

2 锅内烧开沸水，放入姜片，将鱿鱼倒入煮至微卷。

3 将鱿鱼捞出，沥干水分，装盘即可。

4 将生抽、芥末放入碟中，搅拌均匀，作为蘸料。

蒜蓉粉丝蒸大虾

🕐 30分钟　🔥 简单

特色

摆盘大气好看，粉丝吸收了蒜蓉的香味后，口感筋道、鲜味十足，大虾蒸得火候恰到好处，肉质丰美弹牙，汤汁都是鲜甜的。

主料	
新鲜大虾	500克
干粉丝	20克

辅料	
生抽	1茶匙
白胡椒粉	1茶匙
蒜蓉	20克
植物油	1汤匙
蚝油	1茶匙
盐	1/2茶匙
葱花	少许

食材	热量
新鲜大虾 500克	465千卡
干粉丝20克	67千卡
合计	532千卡

制作步骤

1 干粉丝用温水泡软，加入生抽、盐、白胡椒粉拌匀。

2 新鲜大虾开背去掉虾线，保留虾头和虾尾。

3 热锅放入少许植物油，加入蒜蓉爆香，盛出备用。

4 将拌匀的粉丝均匀铺在盘中，大虾摆在粉丝上。

5 爆香的蒜蓉淋在大虾上，淋上一茶匙蚝油。

6 锅内烧开水后，将虾上锅大火蒸10分钟，撒上葱花即可。

烹饪秘笈

虾尾用刀背拍一下，摆盘的时候更平稳，更好看。

CHAPTER
03
晚餐

开洋凤尾

川菜也
清淡

🕐 30分钟　🔥 中等

制作步骤

1 虾米用料酒泡发，备用。

2 莴笋只取笋尖和上部几片嫩叶，削去表面老皮，洗净。

3 茎部顺长直切为薄片备用。

4 莴笋放开水锅里烫至五成熟捞出，沥干。

5 炒锅加油，烧至七成热，下虾米爆香。

6 加250克水煮沸，放盐调味，放入莴笋略煨。

7 将莴笋盛入长盘中，略微整形。

8 锅内原汤加淀粉勾成玻璃芡，淋在莴笋上即可。

特色

"百菜百味，一菜一格"是川菜的灵魂，川菜虽然以麻辣行走江湖，但除了著名的麻婆豆腐、水煮鱼、回锅肉、夫妻肺片等又麻又辣又香的菜式，也有很多不辣的菜，开洋凤尾便是其中一道。

主料

莴笋嫩尖	250克
虾米	15粒（约10克）

辅料

食用油	1汤匙
料酒	1汤匙
盐	1茶匙
淀粉	1茶匙

食材	热量
莴笋250克	50千卡
虾米10克	20千卡
合计	70千卡

烹饪秘笈

在第一次焯烫莴笋时，水中可以加一点盐，沥干后用凉水冲淋，这样可以让莴笋的颜色更加漂亮。

鲜虾豆腐煲

低脂高蛋白

🕐 40分钟　　🔥 简单

制作步骤

1 新鲜大虾洗净后剪掉虾须，去掉虾线，用料酒腌制10分钟。

2 豆腐沥干水分，切成稍厚的方片。

3 锅内放入橄榄油烧热，放入姜末、豆腐片，小火将豆腐煎至两面金黄。

4 沿着锅边淋入生抽。

5 锅内注入清水，以没过食材为准，水沸后，放入大虾。

6 撒入盐、白胡椒粉，转小火，焖煮至汤汁浓稠。

7 撒上葱花即可。

特色

豆腐浸入汤汁十足入味，大虾本身的鲜美加上白胡椒粉的调味，使海鲜的滋味更突出。豆腐的植物蛋白和大虾的动物蛋白完美结合。豆腐垫底、一层大虾，再撒上葱末，好看又好吃。

主料

新鲜大虾	300克
豆腐	250克

辅料

料酒	1茶匙
橄榄油	1汤匙
姜末	10克
生抽	1茶匙
盐	1茶匙
白胡椒粉	少许
葱花	少许

食材	热量
新鲜大虾300克	279千卡
豆腐250克	203千卡
合计	482千卡

烹饪秘笈

可保留部分汤汁，不用收汁收得太干，用汤汁泡饭非常下饭。

泡菜海鲜锅

 50分钟　🔥 简单

制作步骤

1 大虾洗净，剪去虾须，背部划开，挑去虾线，保留虾头和虾尾。

2 豆腐沥干水分，切块；金针菇切去尾部，洗净；泡菜切成段。

3 锅内倒入橄榄油烧热，放入蒜蓉炒香。

4 放入豆腐，小火煎至变色，撒上黑胡椒粉。

5 放入泡菜翻炒1分钟，注入清水烧沸。翻炒的时候注意动作轻柔，免得将豆腐弄碎。

6 放入金针菇，小火煮5分钟。

7 放入大虾，加少许盐，煮至变色即可。

特色

泡菜是极为开胃酸爽的，浓郁的泡菜酱汁让主料更容易入味。我们选择一些自身味道不是特别突出的食材，比如豆腐、菇类，既可以入味，又能保留食材本身的口感。

主料

泡菜	150克
新鲜大虾	300克
豆腐	200克
金针菇	200克

辅料

橄榄油	1汤匙
蒜蓉	5克
盐	1/2茶匙
黑胡椒粉	少许

食材	热量
泡菜150克	35千卡
新鲜大虾300克	279千卡
豆腐200克	162千卡
金针菇200克	52千卡
合计	528千卡

烹饪秘笈

1. 还可以放入其他自己喜欢的蔬菜。
2. 泡菜可以在超市直接购买成品。
3. 普通豆腐即可，不要买太嫩的内酯豆腐，容易烂。

番茄鱼片

🕐 40分钟　🔥 简单

制作步骤

1 草鱼洗净，头尾弃用，片出鱼肉。

2 番茄洗净，切成丁。

3 锅内倒入植物油烧热，倒入番茄丁，小火炒至出汁。

4 锅内注入清水1000毫升，放入姜片。

5 水沸后，倒入番茄酱、盐，搅拌均匀。

6 放入鱼片，煮至汤汁略微浓稠。

7 撒上葱花即可。

特色

浓郁的番茄汤底，酸甜可口，配上鲜嫩洁白的鱼片，看着就让人食欲大开，这是一道下饭又营养均衡的菜品。

主料

草鱼	1条（约500克）
番茄	2个（约300克）

辅料

植物油	1汤匙
生姜	5片
盐	1茶匙
番茄酱	1汤匙
葱花	少许

食材	热量
草鱼500克	565千卡
番茄300克	57千卡
合计	622千卡

烹饪秘笈

还可以替换成其他品种的鱼类，比如黑鱼、鲤鱼等。

鱼头炖豆腐

洁白
香浓

🕐 60分钟　🔥 高级

制作步骤

1 鱼头洗净，对半切开，鱼鳃弃用。

2 番茄洗净，切片；香菜洗净，切成段。

3 豆腐洗净，沥干水分，切成方块。

4 锅内倒入植物油烧热，放入2片生姜。

5 将鱼头平铺在锅底，小火慢慢煎至两面金黄。

6 锅内注入凉开水，没过鱼头，撒入盐、黑胡椒粉，淋入料酒，大火煮开。

7 锅内放入豆腐、番茄、小米辣、剩余姜片，转小火焖煮20分钟至汤色变白。

8 撒上香菜即可。

特色

鱼头富含蛋白质，小火熬煮至汤汁变白后，非常鲜美，而搭配的老豆腐因为熬煮入味，一口咬下去，能感受到汤汁在口中爆开，令人满足。

主料

鱼头	1个（约600克）
老豆腐	300克
番茄	1个（约200克）

辅料

植物油	2汤匙
生姜	5片
料酒	1茶匙
盐	1茶匙
黑胡椒粉	少许
小米辣	3根
香菜	2根

食材	热量
鱼头600克	624千卡
老豆腐300克	243千卡
番茄200克	38千卡
合计	905千卡

烹饪秘笈

可以根据自己的喜好加入一两样蔬菜，比如蘑菇等，但种类不宜过多，否则会影响鱼汤的鲜美口感。

香煎厚片杏鲍菇

香浓
饱腹好
吃好看

⏱ 20分钟　　🔥 简单

特色

杏鲍菇切成厚片，用少油小火煎熟，口感香浓厚重，非常有饱腹感。菇类的鲜美在黑胡椒粉的调和下，更加突出。这款杏鲍菇制作步骤简单，营养丰富，好吃又好看。

主料

杏鲍菇500克

辅料

橄榄油1汤匙 ▎蒜蓉10克 ▎盐1/2茶匙 ▎黑胡椒粉少许

食材	热量
杏鲍菇500克	155千卡
合计	155千卡

制作步骤

1 杏鲍菇洗净后，切成长形的厚片。

2 平底锅倒入橄榄油烧热，平铺杏鲍菇片。

烹饪秘笈

摆盘时可以撒上少许葱末或者香菜末作为点缀。

3 小火煎至杏鲍菇单面金黄，撒上盐和蒜蓉，翻面继续煎。

4 煎至两面金黄出香味，杏鲍菇变软缩小至微微带点焦香。

5 撒上黑胡椒粉即可。

主料

土豆	300克
新鲜香菇	5朵（约50克）

辅料

橄榄油	1汤匙
盐	1茶匙
黑胡椒粉	1茶匙

食材	热量
土豆300克	228千卡
新鲜香菇50克	10千卡
合计	238千卡

烹饪秘笈

1. 土豆是极易入味的食材，黑胡椒和土豆是非常好的搭配。

2. 喜欢吃辣的可以在调酱汁的时候撒入一些辣椒粉、五香粉。

3. 可以将干香菇泡发后，和土豆一起烤制，干香菇的香味更为浓郁。

4. 可以直接用老干妈酱代替一切调料，直接涂在食材上，是非常省时省力的办法。

黑椒土豆烤香菇

香浓
美味
低卡菜

🕐 60分钟　　🔥 简单

特色

土豆口感绵软香甜，易入味。在吸收了黑胡椒和香菇的香味后，土豆的口感更丰富。而烤制过的香菇，香味更浓郁，吃起来更有韧劲。在控制了用油量后，这道菜变得饱腹又低热量。

制作步骤

1 土豆洗净、去皮、切块；鲜香菇洗净后去蒂。

2 橄榄油、盐、黑胡椒粉搅拌均匀，调成酱料。

3 将酱料和土豆块、香菇混合均匀。

4 烤箱预热至200℃，烤盘垫好锡纸，放入食材，包裹密封。

5 入烤箱烘烤40分钟即可。

清烤口蘑

极简又丰美

⏱ 30分钟　🔥 简单

特色

口蘑热量极低，且味道极为鲜美，在不加任何调料的情况下，直接烤熟后，口蘑本身所含的水分成为鲜美清甜的汤汁，是非常美味、健康又简单的一道菜式。

主料

口蘑500克

辅料

盐少许 ┃ 黑胡椒粉少许

食材	热量
口蘑500克	135千卡
合计	135千卡

制作步骤

1 口蘑洗净，去蒂。

2 烤盘铺上一层锡纸，将口蘑反过来成碗状，平铺在锡纸上。

3 烤箱预热至175℃，烤盘放置于中层，烤10分钟。

4 烤好后的蘑菇碗里有一层清汤，很清甜，撒上少许黑胡椒粉和盐即可。

烹饪秘笈

直接吃，任何调料都不放也很鲜美。

特色

百里香特殊的香料气息，配上黑胡椒和橄榄油的使用，让南瓜在烤制的过程中得以入味，带着异域的风味。

主料

南瓜500克

辅料

百里香10克 ▎ 橄榄油1汤匙 ▎ 盐1茶匙 ▎ 黑胡椒粉少许

食材	热量
南瓜500克	110千卡
合计	110千卡

百里香烤南瓜

异域粗粮料理

🕐 40分钟 　 🔥 简单

烹饪秘笈

如果南瓜的量比较多，可以多层平铺，每一层都刷一遍橄榄油，撒上百里香、盐和黑胡椒粉即可。

制作步骤

1 南瓜削皮去子，切成薄厚均匀的南瓜片。

2 将橄榄油用刷子刷在烤盘底部，撒上百里香。

3 将南瓜片均匀地铺在烤盘上，撒上盐、黑胡椒粉。

4 烤箱预热至180℃，将烤盘放入中层，烤20分钟左右即可。

西芹炒魔芋

鲜辣
脆爽

⏱ 30分钟　🔥 简单

制作步骤

1 西芹洗净、切小段；小米椒洗净，切成碎末。

2 魔芋洗净，切成细条，入沸水焯2分钟，沥干水分备用。

3 锅内倒入1汤匙橄榄油烧热，放入小米椒爆香。

4 放入魔芋，撒入盐、淋入生抽翻炒。

5 加入少许清水，焖煮3分钟，让魔芋入味，盛出备用。

6 锅内倒入剩余橄榄油烧热，倒入西芹，大火翻炒1分钟。

7 加入魔芋，一起翻炒均匀。

8 沿着锅边淋入老抽，翻炒均匀即可。

特色

西芹和魔芋都是热量极低的食材，不但饱腹，而且能刺激肠胃的蠕动，提高人体的代谢率。西芹脆爽，魔芋弹牙，再配上少许小米椒的鲜辣，非常开胃。

主料

西芹	200克
魔芋	500克

辅料

橄榄油	2汤匙
生抽	1茶匙
小米椒	3个
盐	3克
老抽	1/2茶匙

食材	热量
西芹200克	24千卡
魔芋500克	35千卡
合计	59千卡

烹饪秘笈

1. 魔芋焯水能煮出魔芋内所含的水分。
2. 炒西芹的时候不需要放盐，辅料中的盐在炒魔芋的时候一次性加入。

黑胡椒煎魔芋

香甜
醇厚

⏱ 30分钟　🔥 简单

特色

洋葱含有丰富的维生素，味道香甜，和黑胡椒是很好的食材搭档。吸收了黑胡椒和洋葱的香味后，魔芋的味道更加丰富好吃。魔芋饱腹低热量，多吃也不怕长胖。

主料

魔芋500克 ┃ 洋葱半个（约100克）

辅料

橄榄油1汤匙 ┃ 盐1/2茶匙 ┃ 黑胡椒碎5克

食材	热量
魔芋500克	35千卡
洋葱100克	39千卡
合计	74千卡

制作步骤

1 魔芋洗净后切条，放入锅内，小火煮干水分。

2 洋葱切成碎末。

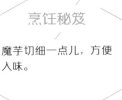

烹饪秘笈

魔芋切细一点儿，方便入味。

3 锅内放入少许橄榄油烧热，放入洋葱爆香。

4 将魔芋平铺于锅内，小火慢煎至微焦。

5 放入盐、黑胡椒碎，翻炒均匀即可。

特色

莲藕微甜脆嫩，含有丰富的蛋白质和维生素，热量极低且能提供让人满足的饱腹感，不管任何烹饪方式都非常好吃。这道菜式用清炒的方法，保留了藕片的脆爽口感，加入了小米辣和白醋后，就成了一道酸辣爽脆的下饭菜。

主料

莲藕500克

辅料

小米辣3根 ┃ 橄榄油1汤匙 ┃ 白醋1茶匙 ┃ 盐1/2茶匙

食材	热量
莲藕500克	350千卡
合计	350千卡

酸辣藕片

酸辣爽口

⏱ 20分钟　🔥 简单

烹饪秘笈

1. 购买藕节完好的莲藕，以避免藕洞中有淤泥，清洗困难。
2. 炒莲藕的中途，根据火候，可以淋入适量清水，避免糊锅。

制作步骤

1 莲藕洗净、切薄片；小米辣切碎。

2 锅内倒入橄榄油烧热，倒入小米椒爆香。

3 倒入莲藕，撒上盐，翻炒2分钟左右。

4 沿着锅边淋入白醋，翻炒均匀即可。

豆皮蔬菜卷

🕐 40分钟　　🔥 简单

制作步骤

1 千张用温水浸泡10分钟左右，变软即可。

2 木耳泡发，切成细丝。

3 胡萝卜洗净、切丝。

4 菠菜洗净，切去根部，入滚水焯熟，切丝。

5 菠菜、木耳、胡萝卜混合，撒入盐、鸡精，淋入香油拌匀。

6 将拌好的蔬菜裹在千张中卷紧，用香葱系紧，上大火蒸5分钟。

7 取出后可以用刀切成适口的小卷，摆盘即可。

特色

豆皮富有嚼劲，搭配了胡萝卜和木耳的爽脆，达到丰富多变的口感，而菠菜的加入，更加完善了维生素的配比。切成小卷后摆盘的造型也非常好看。

主料

千张	100克
菠菜	2棵（约100克）
胡萝卜	半根（约50克）
干木耳	5克

辅料

香油	1茶匙
盐	1/2茶匙
鸡精	1/2茶匙
香葱	适量

食材	热量
千张100克	142千卡
菠菜100克	24千卡
胡萝卜50克	13千卡
干木耳5克	15千卡
合计	194千卡

CHAPTER 03 晚餐

烹饪秘笈

卷千张的时候，避免用力过猛，否则会导致千张断裂。

炝炒红菜薹

小菜一碟

🕐 8分钟　🔥 简单

制作步骤

1 红菜薹择洗干净，沥去多余水分待用。

2 生姜、大蒜去皮，洗净，切姜丝、蒜片。

3 香葱洗净，切葱粒；干红椒洗净，剪两段；花椒洗净待用。

4 炒锅内倒入适量油，烧至七成热，放入花椒爆香后，捞出花椒粒。

5 然后放入姜丝、蒜片，小火爆至出香味。

6 接着放入剪好的红椒段爆香，辣椒子也一起放入，会更香。

7 再放入洗净的红菜薹，大火快炒至断生。

8 最后调入鸡精、盐、香葱粒翻炒均匀即可。

特色

每道菜都有自己成功的不二法宝，这炝炒红菜薹的关键就在于一个"炝"。花椒炝锅，麻味尽出，红菜薹大火快炒，麻与辣的完美结合，就这样促成了这道美味小菜。

主料

红菜薹	400克

辅料

生姜	5克
大蒜	2瓣
香葱	2根
干红椒	8个
花椒	1小把
鸡精	1/2茶匙
盐	1茶匙
食用油	适量

食材	热量
红菜薹400克	152千卡
合计	152千卡

烹饪秘笈

买来的红菜薹根部较老的，可将其切掉不要，如果觉得这样比较浪费，可将较老部分的皮削去不要，这样炒出来的红菜薹一样鲜嫩。

秋葵厚蛋烧

营养健康之星

🕐 30分钟　🔥 简单

制作步骤

1 秋葵洗净、去蒂，放入沸水中焯20秒。

2 鸡蛋磕入碗中，加盐，打散。

3 平底锅倒入橄榄油，烧热后改小火，倒入1/3蛋液，煎成蛋饼。

4 将秋葵并排摆入蛋饼一端，趁蛋液微微凝固时卷成蛋卷。盛出放入盘中。

5 锅内再倒入1/3的蛋液，半凝固时，放入之前做好的蛋卷，再包裹一层，卷成更厚一层的蛋卷，盛出备用。

6 重复第五步，将蛋卷在锅内多翻面几次，让长条形的造型更为整齐。

7 盛出煎好的蛋卷，放至微凉，切成段即可。

特色

卷上秋葵做成蛋卷，横截面切开后，黄色的厚蛋配上绿色的五星状秋葵，颜值非常高，清新好看又美味，还能带来满足的饱腹感。

主料

秋葵	2根（约60克）
鸡蛋	3个（约150克）

辅料

橄榄油	1茶匙
盐	1/2茶匙

食材	热量
秋葵60克	22千卡
鸡蛋150克	216千卡
合计	238千卡

烹饪秘笈

1. 可以根据自己喜欢的蛋卷厚度，重复第五步，多包几层。
2. 还可以裹入其他食材，比如火腿、黄瓜之类。

木樨炒鸡蛋

香喷喷
好营养

🕐 20分钟　🔥 简单

特色

木耳爽脆、鸡蛋绵软，无须花哨的配料，只需要少许盐，就能调出食材本身的滋味，两种口感的碰撞，融合得恰到好处。

主料

干木耳	10克
鸡蛋	2个（约100克）

辅料

植物油	1汤匙
盐	3克
生抽	少许

食材	热量
干木耳10克	30千卡
鸡蛋100克	144千卡
合计	174千卡

制作步骤

1 干木耳用水泡发，撕成小块，入沸水中焯1分钟，沥干水分。

2 鸡蛋磕入碗中，放少许盐，打散至均匀。

3 锅内倒入植物油烧热，倒入蛋液，炒至凝固状态，盛出备用。

4 锅内再倒入少许植物油烧热，放入木耳、盐，大火翻炒2分钟。

5 将鸡蛋倒入锅内，和木耳一起翻炒。

6 起锅前沿锅边淋入少许生抽，翻炒均匀即可。

烹饪秘笈

木耳先用沸水焯过，能避免炒菜时木耳爆油。

牛油果烤鸡蛋

全明星菜品

⏱ 30分钟　　🔥 简单

特色

这是颜值极高的一道菜，绿色的牛油果肉中镶嵌着黄色宝石般的鸡蛋。牛油果如同奶油般细腻润滑的口感，满足了味蕾的渴望。高颜值、低热量，这可谓是一道全明星菜品。

主料

| 牛油果 | 2个（约200克） |
| 鸡蛋 | 2个（约100克） |

辅料

| 盐 | 1/4茶匙 |
| 黑胡椒粉 | 少许 |

食材	热量
牛油果200克	320千卡
鸡蛋100克	144千卡
合计	464千卡

制作步骤

1 牛油果对半切开，去核。

2 鸡蛋打散成蛋液，加入盐，搅拌均匀。

3 将蛋液倒进牛油果去核后的坑内。

4 牛油果放入烤盘，烤箱预热至180℃。

5 烤盘放入烤箱中层，180℃烤10分钟。

6 拿出来后，在牛油果表层撒上少许黑胡椒粉即可。

烹饪秘笈

可用鹌鹑蛋代替鸡蛋，刚好每半个牛油果可以放入一颗完整的鹌鹑蛋。

日式茶碗蒸蛋

入口
即化

 20分钟 🔥 简单

特色

经典的蒸蛋菜式，蛋羹表面平滑如镜、入口即化，加上紫菜、虾仁和香菇带来的鲜美口感，营养美味，健康低脂。

主料

鸡蛋	1个（约50克）
新鲜香菇	1朵（约10克）
新鲜虾仁	1个（约20克）

辅料

牛奶	30毫升
紫菜	少许
生抽	1/2茶匙

食材	热量
鸡蛋50克	72千卡
鲜香菇10克	2千卡
鲜虾仁20克	10千卡
合计	84千卡

制作步骤

1 香菇洗净，去蒂，表面划十字；紫菜撕碎。

2 鸡蛋打散后加入100毫升清水、30毫升牛奶，搅拌均匀，过筛。

3 茶碗底部放入香菇，倒入一半蛋液，用保鲜膜封住碗口。

4 锅内大火烧开，放入茶碗，蒸至蛋液稍微凝固（约3分钟）。

5 放入虾仁，倒入剩下的蛋液，继续蒸5分钟左右。

6 蒸好后在蛋面滴入生抽、放入撕碎的紫菜点缀即可。

烹饪秘笈

1. 可以加入菠菜等蔬菜，菠菜加入之前用开水烫10秒，去除草酸即可。

2. 过滤蛋液和使用保鲜膜封口都是为了使蛋羹更嫩滑，避免出现蜂窝。

粒粒香鸡胸肉

鲜嫩又
低脂

🕐 40分钟　🔥 简单

制作步骤

1 鸡胸肉用刀背拍松，倒入料酒、盐1/2茶匙、黑胡椒粉腌制15分钟。

2 黄瓜洗净削皮，切成丁；洋葱切碎。

3 锅内清水烧开，放入姜片、鸡胸肉，煮熟后捞出，沥干水分，撕成条。

4 玉米、豌豆入开水焯熟沥干水分。

5 锅内倒入橄榄油烧热，倒入洋葱炒香。

6 加入鸡胸肉、盐1/2茶匙，大火爆炒1分钟。

7 加入玉米粒、豌豆、黄瓜丁翻炒，淋入生抽即可。

特色

鸡胸肉富含蛋白质，肉质鲜嫩，采用腌制的方式让鸡胸肉得以入味，利用蔬菜的不同口感进行搭配，少油烹制，达到味觉层次丰富又健康低脂的目的。

主料

鸡胸肉	200克
玉米粒	50克
豌豆	50克
黄瓜	50克

辅料

橄榄油	1汤匙
姜片	10克
洋葱	20克
料酒	1茶匙
盐	1茶匙
黑胡椒粉	少许
生抽	1茶匙

食材	热量
鸡胸肉200克	334千卡
玉米粒50克	53千卡
豌豆50克	56千卡
黄瓜50克	8千卡
合计	451千卡

烹饪秘笈

煮鸡胸肉的时间在2分钟左右即可，不宜过老。

银芽鸡丝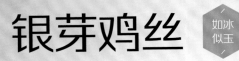

 30分钟　 中等

制作步骤

1 鸡胸肉去筋、去膜，切成细丝。

2 用盐、料酒、胡椒粉、淀粉拌匀。

3 绿豆芽择去根须和叶芽，洗净沥干，备用。

4 韭黄择净，清水冲洗，切段。

5 炒锅加油烧热，爆香姜丝。下鸡肉丝划散，炒至七成熟，盛出。

6 锅内余油下绿豆芽炒至断生。

7 放入鸡丝，淋上生抽翻匀。

8 下韭黄段翻两下即可。

特色

中式菜肴的经典之作，大火猛攻，热锅烫油，轻滑快翻，生鲜脆嫩，精工细作。鸡丝的滑嫩，配上绿叶豆芽的生鲜，以及配料中韭黄的芳香，口感完美之极，颜色清淡，以本色本味取胜。

主料

鸡胸肉	1块（约120克）
绿豆芽	100克
韭黄	50克

辅料

姜丝	少许
食用油	2汤匙
盐	茶匙
生抽	1汤匙
胡椒粉	少许
淀粉	1茶匙
料酒	1汤匙

食材	热量
鸡胸肉120克	160千卡
绿豆芽100克	19千卡
韭黄50克	12千卡
合计	191千卡

CHAPTER 03 晚餐

烹饪秘笈

没有韭黄，可用韭菜代替；没有韭菜，可用香葱段。或者不放也可以。

芦笋牛柳丁

低脂
饱腹
健身餐

🕐 40分钟 　🔥 简单

制作步骤

1 牛里脊肉切成小块，加入料酒、黑胡椒粉、盐混合拌匀，腌制片刻。

2 倒入100毫升清水，用手抓匀，让牛肉充分吸收水分，使牛肉变得黏稠。

3 将淀粉倒入牛肉中，搅拌均匀，腌制25分钟。

4 芦笋洗净，切掉根部老的部位，再切成小段。

5 锅内倒入1汤匙橄榄油烧热，放入蒜蓉爆香，倒入腌制好的牛肉，大火翻炒至变色，盛出备用。

6 锅内倒入剩余橄榄油烧热，放入芦笋翻炒1分钟左右，期间加少许水防止煳锅。

7 加入牛肉丁，撒入盐，淋入生抽，翻炒2分钟左右，起锅即可。

特色

牛肉富含蛋白质，可增强体质；芦笋富含膳食纤维和维生素。两者搭配，完善了营养结构。腌制过的牛肉口感丰富，配以清爽的芦笋，是很好的饱腹低脂菜式。

主料

芦笋	250克
牛里脊肉	200克

辅料

料酒	1茶匙
盐	1/2茶匙
黑胡椒粉	少许
淀粉	2茶匙
橄榄油	2汤匙
蒜蓉	10克
生抽	1茶匙

食材	热量
芦笋250克	48千卡
牛里脊肉200克	214千卡
合计	262千卡

烹饪秘笈

牛肉加入淀粉腌制，能使口感更为柔嫩。

芹菜牛百叶

 好爽脆
好快手

🕐 30分钟　　🔥 中等

制作步骤

1 芹菜择去老叶、老梗，洗净，切段。红椒切段备用。

2 牛百叶洗净，切成细丝。

3 煮一锅水，水开后放入牛百叶，水再次开后捞起，过凉，沥干。

4 姜切末、蒜拍扁切碎。

5 炒锅放油烧至八成热，放干辣椒、姜末、蒜末爆香。

6 放芹菜炒至断生，放盐入味。

7 放牛百叶，淋料酒去腥，大火快炒至熟。

8 最后放入红椒翻炒片刻，淋上生抽翻炒均匀即可。

特色

同样质地、同样口感、同样烹饪时间是配菜的基本原则，另外还要求同样的形状：丝配丝，条配条，片配片。牛百叶低钠盐、低饱和脂肪酸、富含蛋白质，100克牛百叶的总热量是70大卡，为低脂瘦身的良好食材。

主料

芹菜	100克
牛百叶	100克
红椒	半个（约50克）

辅料

干辣椒	3根
食用油	1汤匙
盐	1茶匙
生抽	1茶匙
姜	1块
蒜	2瓣
料酒	1汤匙

食材	热量
芹菜100克	16千卡
牛百叶100克	70千卡
红椒50克	10千卡
合计	96千卡

烹饪秘笈

芹菜不宜久炒，断生即下牛百叶，翻匀就好。

豆香田园比萨

🕐 70分钟　🔥 高级

特色

这是一款豆香四溢、营养均衡、颜值突出、充满异域风味的菜式。不同颜色的蔬菜带来丰富的口感和充足的维生素，令你吃得满足又健康。

主料

豆腐	200克
鸡蛋	1个（约50克）
玉米淀粉	50克
土豆	1个（约150克）
洋葱	半个（约100克）
红彩椒	1个（约50克）
菠菜	2棵（约100克）

辅料

酵母	2克
橄榄油	1汤匙
蒜蓉	10克
盐	1茶匙
黑胡椒碎	5克

制作步骤

1 豆腐沥干水分，与鸡蛋、玉米淀粉、酵母一同放进料理机中，搅拌成豆腐糊。

2 菠菜洗净后切碎；洋葱切碎；土豆洗净，削皮，切成丁；红彩椒洗净，切丁。

3 锅内倒入橄榄油加热，放入洋葱、土豆，翻炒至微焦出香味。

4 加入红彩椒、蒜蓉、黑胡椒碎、盐，翻炒均匀，关火。

5 将以上材料倒入豆腐糊中，加入菠菜碎，搅拌均匀，放入烤盘。

6 烤箱预热至200℃，将烤盘放置于中层，烘烤35分钟左右即可。

食材	热量
豆腐200克	162千卡
鸡蛋50克	72千卡
土豆150克	114千卡
玉米淀粉50克	173千卡
洋葱100克	20千卡
红彩椒50克	10千卡
菠菜100克	24千卡
合计	575千卡

烹饪秘笈

1. 不要购买太嫩的内酯豆腐，因为含水量太高。也不要购买太老的，内部组织太粗，不易打成糊，普通的豆腐就可以了。

2. 每个烤箱的温度都会有细微差别，烘烤的时候要注意观察火候。

金橘乌梅饮

🕐 15分钟　🔥 简单

特色

夏日里的乌梅汤，生津解渴，人人爱喝，与其买现成的饮料，不如去药店称一些乌梅，在家自制。加入几颗小金橘，不仅仅是为了更好喝，柑橘类水果中所富含的维生素C也能起到很好的保护眼睛的作用。

主料

青金橘	3颗（约50克）
乌梅	6颗（约50克）
冰糖	10克

辅料

饮用水	600毫升

食材	热量
青金橘50克	29千卡
乌梅50克	0千卡
冰糖10克	40千卡
合计	69千卡

制作步骤

1 金橘洗净，擦干水分。

2 对半切开后，再切成薄片。

3 乌梅淘洗干净，沥去水分。

4 将乌梅、金橘片放入花茶壶，加入冰糖。

5 饮用水烧开，注入花茶壶内。

6 将冰糖搅拌至溶化后，晾凉即可饮用。

烹饪秘笈

1. 新鲜的乌梅不宜直接泡水，请购买药店已经预处理过的乌梅干。
2. 儿童及生理期、分娩期的女性应避免饮用乌梅饮品。

桂圆石榴香梨汁

好味道
好意头

 20分钟　　简单

特色

桂圆益脾补血、润泽肌肤，是可入药的水果；库尔勒香梨是维吾尔族医生们大为推崇的健康食材，搭配能够滋阴养血的石榴，味道好，意头更好。

主料

新鲜桂圆	100克
石榴	半个（约50克）
库尔勒香梨	2个（约160克）

辅料

饮用水	100毫升

制作步骤

1 香梨洗净，梨把朝上，切成4瓣，在果核处呈V字形划两刀，切掉梨核，然后将香梨切成小块。

2 石榴在距离开口处2厘米左右的位置，用水果刀划开一个圆圈（划透果皮即可）。

食材	热量
鲜桂圆100克	71千卡
石榴50克	37千卡
库尔勒香梨160克	68千卡
合计	176千卡

3 用手将划掉的石榴皮顶部抠下，然后沿着内部的隔膜将石榴皮的侧边划开。

4 将石榴掰开，即可轻松剥出石榴子。

烹饪秘笈

1. 也可以使用桂圆干，但是尽量购买原味晒干的，而不是蜜渍的，这样糖分摄入少，更加健康。

2. 使用桂圆干前先用饮用水浸泡一会儿，使桂圆干恢复一些水分，这样打出的果汁口感更加细腻。

5 桂圆洗净，剥皮去核，取出果肉备用。

6 将香梨块、桂圆肉和饮用水一起放入果汁机，搅打均匀后倒入杯中，撒入石榴子即可。

白菜冬瓜鱼丸汤

美味
天成

⏱ 12分钟　🔥 简单

特色

这碗汤不起眼，只因它看着很清淡。可是当你决定尝试一口时，也许你就会再也停不下来。因为没有过多的调味料，从而保证了蔬菜的原汁原味，清新自然，美味天成。

主料

鱼丸	300克
冬瓜	200克
娃娃菜	1棵（约300克）

辅料

葱花	5克
白胡椒粉	1/2茶匙
鸡精	1/2茶匙
盐	1.5茶匙
食用油	少许

食材	热量
鱼丸300克	321千卡
冬瓜200克	22千卡
娃娃菜300克	24千卡
合计	367千卡

制作步骤

1 鱼丸以流水洗净待用；娃娃菜洗净，先对半切开，然后每半均匀竖切三等份待用。

2 冬瓜去皮去瓤，冲洗干净，然后切5毫米左右的薄片待用。

3 炒锅内倒入少许油，烧至七成热，放入切好的冬瓜片，翻炒片刻。

4 然后倒入适量开水，大火煮至开锅后放入鱼丸，继续大火煮至鱼丸浮起。

5 待鱼丸全部浮起后，放入切好的娃娃菜煮至断生。

6 最后加入白胡椒粉、鸡精、盐搅拌调味，撒入葱花即可。

烹饪秘笈

买冬瓜时可以请小贩代劳去皮去瓤，回家洗净即可；冬瓜先行炒制后再加水煮，会更加入味，口感更佳；鱼丸煮至全部浮起时就好了，冬瓜也不宜煮太久，煮至透明时即可，不然会煮烂掉。

海带豆腐汤

汤汁浓郁

⏱ 60分钟　🔥 简单

制作步骤

1 豆腐放入清水中，加入1茶匙盐，浸泡15分钟。

2 海带、虾米用清水浸泡15分钟。

3 海带切片；豆腐沥干水分，切成方块。

4 锅内倒入橄榄油，小火将虾米炒香。

5 锅内注入1000毫升清水，烧开。

6 加入豆腐、海带、1茶匙盐、小火焖煮20分钟。

7 盛出后，撒上少许葱花即可。

特色

海带热量极低，却能提供比一般植物高很多的维生素和微量元素，是非常好的饱腹营养食材。豆腐的高蛋白补充了海带的营养，是非常好的搭配。豆腐浸入了海带的鲜美，熬煮后的汤满满都是幸福的滋味。

主料

海带	200克
豆腐	200克
干虾米	10克

辅料

盐	2茶匙
橄榄油	1茶匙
葱花	少许

食材	热量
海带200克	24千卡
豆腐200克	162千卡
干虾米10克	20千卡
合计	206千卡

烹饪秘笈

可以用瑶柱、海米等干货海产品代替干虾米，主要目的是为了提鲜。

莲藕花生汤

清甜
粉糯
饱腹汤

🕐 60分钟　🔥 简单

特色

香甜粉糯的一碗汤，不但饱腹而且低热量。花生和莲藕一起熬汤，口感层次更加丰富。晚上利用炖锅熬煮，早上起来就是非常营养的早餐了，简单方便，好吃营养。

主料

莲藕	500克
花生仁	30克

辅料

盐	1茶匙

食材	热量
莲藕500克	350千卡
花生仁30克	169千卡
合计	519千卡

制作步骤

1 莲藕洗净，切大块。

2 花生仁洗净。

烹饪秘笈

藕块要切得大小适中，太大的不容易夹起，熬煮时也不容易煮烂。

3 锅内注入1000毫升清水，放入莲藕、花生仁。

4 盖锅盖，小火焖煮40分钟。

5 起锅时撒盐，搅拌均匀即可。

04
CHAPTER

加餐
轻食

鸡蛋豆腐干

丰厚弹牙

🕐 20分钟　🔥 简单

特色

鸡蛋干是由鸡蛋浓缩而成的，在口感和营养上都高于普通的豆腐干。蛋香浓郁、口感弹牙，再配上一些香辣的调料，就是一道美味小吃。

主料

鸡蛋干200克 ▎炸花生米15克

辅料

橄榄油1汤匙 ▎香菜2根 ▎小米辣3根 ▎蒜蓉10克 ▎盐1/2茶匙 ▎生抽1茶匙

食材	热量
鸡蛋干200克	258千卡
炸花生米15克	88千卡
合计	346千卡

烹饪秘笈

1. 鸡蛋干可以用其他有嚼劲的豆腐干替代，比如小香干、豆筋等。
2. 可以根据自己的喜好，增减小米辣的分量。
3. 加入炸花生米是为了调出香脆的口感，也可以用其他坚果替代，比如核桃、腰果等。

制作步骤

1 鸡蛋干切成片，盖上保鲜膜，上大火蒸5分钟。

2 香菜洗净切末、小米辣切碎、花生米拍碎。

3 将蒜蓉、香菜末、小米辣、盐、生抽混合均匀，调成酱料。

4 把酱料均匀码在鸡蛋干上，最上层铺上花生碎。锅内倒入橄榄油烧至冒烟，浇在鸡蛋干上即可。

特色

日本豆腐的主要成分是鸡蛋，口感像布丁一样细嫩柔滑，清香诱人，营养丰富而且热量很低，用最简单的方式凉拌一下，就是一道好吃的小点心。

主料

日本豆腐500克 ▎花生仁15克 ▎白芝麻10克

辅料

橄榄油1汤匙 ▎生抽1茶匙 ▎盐1/2 ▎葱花少许

食材	热量
日本豆腐500克	135千卡
花生仁15克	84千卡
白芝麻10克	56千卡
合计	275千卡

凉拌日本豆腐

如甜品般丝滑

🕐 15分钟　　🔥 简单

烹饪秘笈

喜欢辣味的可以加入一些辣酱。

制作步骤

1 日本豆腐切成块，码入盘中。

2 锅内倒入橄榄油烧热，放入白芝麻、花生仁，小火炒香。

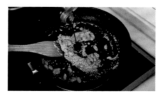

3 锅内加入生抽、盐，搅拌均匀。

4 倒入日本豆腐上，撒上少许葱花即可。

无糖南瓜芝麻饼

⏱ 40分钟　🔥 简单

特色

南瓜自带甜味，加上芝麻的香浓，整个饼的味道就已经调和出来了。配上糯米粉和面粉，小火少油煎成小饼，金黄香脆，饱腹又健康，非常适合做两餐间的小点心。

制作步骤

1 面粉、糯米粉、盐混合均匀。

2 南瓜洗净，去皮，切块，上锅蒸熟。

3 南瓜和面粉揉匀成南瓜面团，分成小份，揉成圆球。

4 圆球压成圆饼状，撒上少许黑芝麻。

5 平底锅加入少许橄榄油烧热，小火将南瓜饼煎至两面金黄即可。

主料

南瓜	100克
糯米粉	30克
面粉	30克

辅料

黑芝麻	10克
橄榄油	1茶匙
盐	1/2茶匙

食材	热量
南瓜100克	22千卡
糯米粉30克	108千卡
面粉30克	105千卡
合计	235千卡

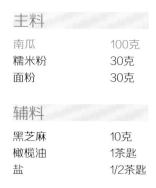

烹饪秘笈

可用白芝麻替代黑芝麻。

全麦苹果
酸奶松饼

酸甜又
提神

🕐 30分钟　🔥 简单

特色

全麦面粉搭配酸奶，做出的面糊更为浓稠一些，综合了苹果酸酸甜甜的口味，让口感更加清爽，肠胃吸收得更轻松，如果配上一些圣女果或者当季水果，就更完美了。

主料

全麦面粉	50克
苹果	1个（约180克）
酸奶	80克
鸡蛋	1个（约50克）

辅料

泡打粉	2克
橄榄油	1茶匙

食材	热量
全麦面粉50克	176千卡
苹果180克	94千卡
酸奶80克	58千卡
鸡蛋50克	72千卡
合计	400千卡

制作步骤

1 苹果削皮，切成小丁。

2 鸡蛋打散，加入酸奶，搅拌均匀。

3 蛋液中加入全麦面粉和泡打粉，拌匀形成面糊。

4 面糊中加入苹果碎、橄榄油，搅拌均匀。

5 平底锅开小火，摊入面糊，煎至两面金黄即可。

6 吃的时候蘸上酸奶，风味更佳。

烹饪秘笈

可以切一些小水果配餐，比如圣女果或者草莓等。

无油蛋白
核桃酥饼

🕙 90分钟　　🔥 高级

特色

将蛋白打发后烤制的饼干，不添加传统的奶油和黄油，更加健康低脂，而且能满足口腹之欲。再加入核桃仁这类坚果，口感丰富，酥脆香浓，还能补充营养和能量。

制作步骤

1 鸡蛋清用打蛋器打至变白发泡，滴入少许白醋。

2 分三次向打发的蛋白中加入细砂糖，打至蛋白成稍具硬挺的霜状。

3 筛入低筋面粉和核桃碎，用刮刀轻轻拌成均匀的面糊。

4 用汤匙取20克左右的面糊，直接倒在烤盘上，聚拢成圆饼形状。

5 烤箱预热至150℃，将烤盘放于中层，烤30分钟，调温至120℃继续烤20分钟。关火后用烤箱余温闷20分钟即可。

烹饪秘笈

1. 饼干凉透后密封保存，否则容易受潮变软。
2. 配方中不含油分和奶油制品，但口感松脆，蛋白和核桃的营养也很丰富。
3. 蛋白霜内加入白醋是为了中和蛋腥味，因此一两滴白醋即可，也可以用柠檬汁替代。

CHAPTER 04 加餐轻食

低卡燕麦小圆饼

🕐 90分钟　　🔥 简单

特色

燕麦作为大家耳熟能详的低卡饱腹高营养的食材，在加入了鸡蛋和面粉后，制成饼干，少油少糖，不仅管饱还控制了热量的摄入。烘烤后谷香浓郁，松脆可口。

制作步骤

1 鸡蛋混合牛奶，搅拌均匀。

2 依次加入葵花子油、奶粉、细砂糖，每加入一样食材，搅拌均匀后再加入下一样。

3 筛入低筋面粉、玉米淀粉、盐，搅拌成糊状。

4 加入燕麦搅拌均匀，捏成25克的小球，压成圆饼状，放入烤盘排列整齐。

5 烤箱预热至180℃，将烤盘放入烤箱中层。

6 烤箱上火180℃、下火160℃烤25分钟，关火后用烤箱余温闷10分钟左右。

7 饼干凉透后密封保存即可。

主料

即食燕麦	80克
鸡蛋	1个（约50克）
低筋面粉	50克
玉米淀粉	15克

辅料

奶粉	10克
葵花子油	10克
纯牛奶	10毫升
细砂糖	20克
盐	1克

食材	热量
即食燕麦80克	292千卡
鸡蛋50克	72千卡
低筋面粉50克	177千卡
玉米淀粉15克	52千卡
合计	593千卡

烹饪秘笈

1. 每个烤箱的温度有所差别，烤的时候要注意观察火候。

2. 坚果可以放核桃、松子、杏仁等。

3. 饼干一定要凉透再密封，否则在密封状态下余温容易让饼干吸回水分导致回潮。

香蕉牛奶煎饼

可口的下午茶

⏱ 30分钟　🔥 简单

特色

香蕉香甜软糯，很有饱腹感，热量又低，一直是健身人群热爱推崇的食物。和鸡蛋、牛奶、面粉混合成糊状，小火煎成小饼，既香浓可口，还微甜香脆，简直是再好不过的下午茶点心了。

主料

香蕉1根（约150克）┃ 鸡蛋1个（约50克）┃ 面粉80克 ┃ 纯牛奶150毫升

辅料

盐1/2茶匙 ┃ 橄榄油1汤匙

食材	热量
香蕉150克	136千卡
鸡蛋50克	72千卡
面粉80克	279千卡
纯牛奶150毫升	81千卡
合计	568千卡

制作步骤

1 香蕉剥皮取果肉，混合牛奶，用料理机打成牛奶香蕉汁。

2 将牛奶香蕉倒入容器内，磕入鸡蛋，加入面粉、盐搅拌均匀。

3 平底锅倒入橄榄油加热，开小火，倒入一勺面糊，摊成较厚的圆饼状。

4 一面煎至微黄出香味后，翻面再煎好另一面即可。

烹饪秘笈

在煎面饼的时候，开小火，耐心观察火候，翻面时动作要轻，以免面饼破碎。

特色

油炸过的土豆条，尽管好吃，但热量高得让人望而却步。我们利用烤箱，采取少油的烹饪方法，让土豆条松脆好吃，撒上一些黑胡椒粉，就是一顿饱腹低卡的下午茶了。

主料

土豆1个（约250克）

辅料

橄榄油5克 ｜ 盐1/2茶匙 ｜ 黑胡椒粉少许

食材	热量
土豆250克	190千卡
合计	190千卡

黑椒烤土豆条

低卡网红零食

🕐 20分钟　　🔥 简单

烹饪秘笈

土豆皮不要削，否则容易断裂、也容易粘在锡纸上。

制作步骤

1 土豆洗净，擦干，对半切开，再切成粗条。

2 土豆条均匀拌上黑胡椒粉、盐、少许橄榄油。

3 烤盘垫上锡纸，将土豆条平铺在烤盘中。

4 烤箱预热至220℃，将烤盘放入中层，烤30分钟即可。

CHAPTER 04 加餐轻食

芹香碎烤小土豆

⏱ 60分钟　🔥 简单

制作步骤

1 土豆洗净后不需要削皮，放入沸水中煮软。

2 香芹洗净，切成碎末。

3 煮软的小土豆用刀背压扁，制造出开口效果。

4 烤盘底部刷上橄榄油。

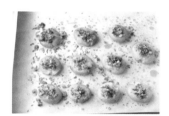

5 土豆均匀撒上孜然、十三香粉、香芹末，放入烤盘。

6 烤箱预热至200℃，将烤盘放置于中层，烤30分钟。

7 烤好的土豆撒上葱花即可。

特色

软绵香甜的土豆，加入了孜然和十三香粉等调料，变得十分入味，我们用先煮后烤，少油烤制的烹饪方法，达到松脆可口的口感，又降低了热量的摄入，非常健康、美味。

主料

小土豆	300克

辅料

小香芹	3根
橄榄油	1汤匙
孜然	5克
十三香粉	5克
葱花	少许

食材	热量
小土豆300克	228千卡
合计	228千卡

烹饪秘笈

可根据喜好撒上辣椒粉之类的调味料。

土豆泥
泡萝卜沙拉

当四川泡菜撞上土豆

🕐 20分钟　　🔥 简单

180

制作步骤

1 土豆去皮，切大块。

2 放入锅中，加水没过，大火煮开，转小火煮至软烂。

3 黄瓜切薄片，用淡盐水浸泡5分钟，挤干水分，备用。

4 泡萝卜切薄片，备用。

5 煮好的土豆块取出，趁热压成泥。

6 加橄榄油、白醋、盐、胡椒粉拌匀。

7 拌入萝卜片和黄瓜片即成。

特色

四川泡菜是用的老盐水浸泡法，各种蔬菜可随时加入，常泡常新，常取常有，除了海椒、嫩姜等川菜独有的作料，还有豇豆、萝卜等蔬菜。这款菜用的是最常见的泡萝卜，那咸中带酸、清爽脆生的口感，让土豆沙拉的平凡为之改变。

主料

泡樱桃萝卜	5个（约50克）
黄瓜	1根（约200克）
大土豆	1个（约250克）

辅料

盐	1茶匙
胡椒粉	少许
白醋	2茶匙
橄榄油	2汤匙

食材	热量
樱桃萝卜50克	5千卡
黄瓜200克	30千卡
土豆250克	190千卡
合计	225千卡

CHAPTER 04 加餐轻食

烹饪秘笈

泡萝卜用的是四川泡菜中的小红萝卜。四川泡菜和别的地方的泡菜制作步骤不同，时新蔬菜洗净、晾干，放进泡菜坛里，两三天即成。

枣夹核桃
抱抱果

⏱ 60分钟　　🔥 简单

特色

红枣软绵香甜，补血养颜。核桃香脆爽口，富含蛋白质和矿物质。把完整的核桃仁夹在红枣肉中，搭配出来的口感甜香爽脆。关键是无烹饪环节，保留了纯天然的营养成分，是非常好的一款零食。

主料

新疆和田大枣干、昆明纸皮核桃各适量（该处用量根据自己一次想要做的分量自行调整，热量表中为1颗抱抱果的热量）。

食材	热量
干红枣1颗（约10克）	28千卡
核桃仁半个（约10克）	6千卡
合计	34千卡

制作步骤

1 红枣洗净后晾晒干水分，用去核器挖去枣核。

2 去核后的红枣，在圆心处对半剪开一边，剩下一边保持连接。

3 一个核桃取出对半两块核桃仁，尽量保留完整。

4 将核桃仁夹入红枣当中包裹起来即可。

烹饪秘笈

1. 去枣核的工具可以在淘宝买到。
2. 可以直接购买核桃仁。

特色

拥有细腻顺滑的冰激凌般的口感，夹杂着坚果的香脆，这是夏天非常降暑的一道甜品，而且在补充营养的同时还能促进肠胃消化，提高人体的代谢。

主料

低脂酸奶100毫升 ▎ 夏威夷果仁10克 ▎ 蔓越莓干10克

食材	热量
低脂酸奶100毫升	80千卡
夏威夷果仁10克	75千卡
蔓越莓干10克	32千卡
合计	187千卡

蔓越莓坚果酸奶冰激凌

低热量甜品

🕐 120分钟　　🔥 简单

烹饪秘笈

蔓越莓干也可用葡萄干替代。

制作步骤

1　夏威夷果仁切成碎块。

2　蔓越莓干切碎。

3　将酸奶与夏威夷果仁碎、蔓越莓干混合均匀。

4　将酸奶倒入容器中，在表面撒上少许夏威夷果仁碎。

5　放入冰箱冷冻至硬即可。

牛油果乐多多清肠奶昔

身体的清道夫

🕐 10分钟　🔥 简单

特色

柔滑香浓的牛油果，搭配酸甜的养乐多，口感丰富，而且能清除体内垃圾，提高人体的代谢。

主料

牛油果1个（约100克）┃养乐多3瓶（300毫升）

食材	热量
牛油果100克	160千卡
养乐多300毫升	207千卡
合计	367千卡

制作步骤

1　牛油果削皮去核，切块。

2　将牛油果和养乐多混合。

3　倒入榨汁机内榨汁即可。

烹饪秘笈

如果作为果酱搭配面包，养乐多减少至1瓶即可，否则太稀了。

特色

这款果汁口味酸甜，清爽可口。西芹大量的粗纤维可加速肠胃的蠕动，配上番茄和蜂蜜，能起到排毒养颜的作用。

主料

番茄1个（约250克）▮西芹3根（约150克）▮蜂蜜2茶匙（约10毫升）

食材	热量
番茄250克	48千卡
西芹150克	18千卡
蜂蜜10毫升	32千卡
合计	98千卡

蔬果蜂蜜排毒果汁

清爽排毒饮品

🕐 10分钟　　🔥 简单

烹饪秘笈

没有蜂蜜的话，也可以用同等量的细砂糖替代。

制作步骤

1 西芹洗净、切段。

2 番茄洗净、切块。

3 将两种食材放入果汁机中，加入蜂蜜，榨汁即可。

CHAPTER
04
加餐轻食

火龙果高蛋白酸奶汁

好喝的
蛋白质

🕙 10分钟　🔥 简单

特色

火龙果分成红肉和白肉两种，红肉打成果汁，颜值非常高。火龙果是富含植物蛋白的水果，和香蕉搭配，能起到补充身体能量、饱腹健体的效果，而且热量很低。

主料

火龙果半个（约100克）｜香蕉1根（约100克）｜脱脂酸奶125毫升

食材	热量
火龙果100克	51千卡
香蕉100克	91千卡
脱脂酸奶125毫升	100千卡
合计	242千卡

制作步骤

1 火龙果剥皮，切块。

2 香蕉剥皮，切成小段。

3 将两种食材与酸奶混合，倒入榨汁机榨汁即可。

烹饪秘笈

1. 红肉或者白肉的火龙果都可以，红肉打出来的果汁更好看些。
2. 没有脱脂酸奶时，可用普通酸奶替换。

特色

猕猴桃含大量的维生素和矿物质，口感酸甜，搭配苹果打成果汁，清新美丽的颜色和酸甜清香的口感，是夏天清凉祛暑的好选择。

主料

小个猕猴桃1个（约80克）┃大个苹果1个（约250克）┃薄荷叶2片

食材	热量
猕猴桃80克	45千卡
苹果250克	130千卡
薄荷叶2片	0千卡
合计	175千卡

猕猴桃苹果薄荷汁

清爽祛暑气

🕙 10分钟　　🔥 简单

烹饪秘笈

喜欢薄荷清香的读者，可以将薄荷叶一起打入果汁中。

制作步骤

1 猕猴桃削皮、切块

2 苹果洗净，削皮、去核，切块。

3 将两种水果放入榨汁机，榨汁。

4 榨好的果汁倒入容器中，摆上薄荷叶进行装饰即可。

CHAPTER 04 加餐轻食

百香青柠苹果茶

酸爽香甜，四季皆宜

特色

热饮飘香，冷饮激爽，一年四季都可以喝，冷热皆宜的水果茶，谁能不爱呢？

🕐 20分钟　🔥 中等

主料

百香果1个（约40克）┃青柠檬半个（约25克）┃苹果半个（约60克）┃纯净水600毫升

辅料

方糖一两块

食材	热量
百香果40克	39千卡
青柠檬25克	10千卡
苹果60克	32千卡
合计	81千卡

烹饪秘笈

夏天，室温冷却后放入冰箱冷藏2小时即成为冷饮。也可提前一晚做好以备第二天饮用。

制作步骤

1 苹果洗净，去皮去核，切成半圆形的薄片。

2 青柠檬洗净，切成薄片。

3 百香果洗净，切开，将果肉挖出，倒入杯中。

4 把切好的苹果片和柠檬片放入杯中。

5 加入方糖，冲入煮沸的纯净水。

6 用长勺或筷子搅拌均匀，约5分钟后即可饮用。

主料

哈密瓜1/4个（约100克）▎西柚
半个（约100克）▎胡萝卜1小根
（约75克）

食材	热量
哈密瓜100克	34千卡
西柚100g克	33千卡
胡萝卜75克	24千卡
合计	91千卡

烹饪秘笈

挑选胡萝卜时，应选择
外皮光滑、有光泽、纹
路少而饱满的个体，如
果还带有鲜嫩的胡萝卜
缨最好，这样的胡萝卜
水分多、甜度大，打汁
特别好喝。

哈密西柚
胡萝卜

美白
祛斑
护肠道

🕐 10分钟　🔥 简单

特色

哈密瓜中含有丰富的抗氧化剂，能够减少皮肤黑色
素的形成，祛斑美白。西柚中的维生素P能增强皮肤
的代谢功能，胡萝卜中的膳食纤维则可润肠通便。

制作步骤

1 哈密瓜洗净外皮，对半切开。

2 用勺子挖出瓜子，然后用
削皮器削去瓜皮，切成小块。

3 西柚切成六瓣，取其中三
瓣剥皮去子，剥出西柚果肉。

4 留一小块较为完整漂亮的
西柚肉备用。

5 胡萝卜洗净，切去根部，
然后切成小块。

6 将哈密瓜块、西柚肉、胡萝
卜块一起放入榨汁机，搅打均
匀后倒入杯中，将步骤4预留
的西柚肉摆放在最上面即可。

西餐轻松做

懒人厨房

烤箱料理

好吃懒做

懒人快手营养早餐

懒人下厨房系列

懒人下面条

花样烤箱料理

懒人健康菜

烤着吃才香

烤箱轻食

懒人快手做一餐

家常美食系列

米饭最佳伴侣

米饭爱小炒

烘焙情书

好汤好菜

意面和比萨

不可一日无肉

零失败家常菜

回家吃饭

一碗好酱一桌好菜

蒸炖煮一本全

鱼 我所欲也

原汁原味好吃蒸菜

清粥小菜

麻辣鲜香煲嘴川菜

花样主食

晚餐请吃七分饱

午餐

爱吃馅

缤纷饮品

炒饭炒面

在家吃火锅

面包上的100种早餐

果汁 果酱

图书在版编目（CIP）数据

萨巴厨房. 低卡饱腹健康餐 / 萨巴蒂娜主编. —北京：
中国轻工业出版社，2021.6

ISBN 978-7-5184-2057-5

Ⅰ. ①萨… Ⅱ. ①萨… Ⅲ. ①保健 - 食谱 Ⅳ.
① TS972.12

中国版本图书馆 CIP 数据核字（2018）第 175817 号

责任编辑：高惠京　张　弘　　　　责任终审：劳国强　　整体设计：锋尚设计
策划编辑：张　弘　洪　云　高惠京　责任校对：李　靖　　责任监印：张京华

出版发行：中国轻工业出版社（北京东长安街6号，邮编：100740）

印　　刷：北京博海升彩色印刷有限公司

经　　销：各地新华书店

版　　次：2021年6月第1版第6次印刷

开　　本：710×1000　1/16　印张：12

字　　数：200千字

书　　号：ISBN 978-7-5184-2057-5　定价：49.80元

邮购电话：010-65241695

发行电话：010-85119835　传真：85113293

网　　址：http://www.chlip.com.cn

Email：club@chlip.com.cn

如发现图书残缺请与我社邮购联系调换

210560S1C106ZBW